과학자의 서재

움직이는
서재

과거와 현재와
미래를 연결하는
지식 창고

책과 함께 있다면 그곳이 어디이든 서재입니다.
집에서든, 지하철에서든, 카페에서든 좋은 책 한 권이 있다면 독자는 자신만의 서재를 꾸려서 지식의
탐험을 떠날 수 있습니다. 또한 양서는 시대와 세대를 초월해 대물림하여 지식과 감동을 전하고 연령과
의 소통을 가능케 하는 힘을 가지고 있습니다. 움직이는 서재는 공간의 한계, 시간의 장벽을 넘어 어디
서든, 언제든지 독자 곁에서 함께하는 독서의 동반자를 지향합니다.

자연과학자 최재천 교수와 함께 떠나는
꿈과 지식의 탐험

# 과학자의 서재

최재천 지음

# 이 세상에 쓸모없는 꿈은 없습니다

이 책의 제목 '과학자의 서재'는 단순히 어떤 과학자가 책을 읽는 곳이나 읽어온 책들을 보관해두는 장소를 말하는 게 아닙니다. 한 과학자의 정신과 영혼이 깃들어 자라온 '성장의 집'을 뜻하지요. 이러한 책을 만들자는 제안을 받고 흥미를 느낀 것은 저 역시 '나의 성장이 어떻게 이루어졌을까' 하는 궁금증을 가져본 적이 있었기 때문입니다. 언젠가는 한번 차근차근 정리해서 관찰해보고 싶다는 생각을 했었지요.

저는 과학자입니다. 조금 더 구체적으로 얘기하자면 동물행동학자, 생태학자, 사회생물학자, 통섭학자로 불리지요. 제가 어렸을 때도 그랬지만 지금도 여전히 과학자는 많은 아이들의 꿈입니다. 미지의 세계를 탐험하고 늘 새로운 생각을 하는 사람이기에 동경의 대상이 되나 봅니다.

그렇지만 저는 한 번도 과학자를 꿈꾼 적이 없는 아이였습니다. 시인이 되고 싶어 습작 노트를 끼고 살았고, 조각이라는 아름다운 세계를 발견하고는 그곳을 향해 무작정 내달리기도 했습니다. 그런데 지금 저는 방금 말했듯이 네 가지 이름으로 불리는 과학자가 되어 있습니다. 꿈꿔본 적 없는 모습이 되었다고 해서 제가 서운해할까요? 전혀 그렇지 않습니다. 그 이름들 속에는 제가 꿈꿨던 모든 것이 들어 있기 때문이죠.

제가 오랜 시간 공부하고 경험한 과학은 흔히 생각하듯 차가운 세계가 아닙니다. 물론 과학자는 자연이 만들고 보여주는 사실에 엄격하게 복종해야 하는 사람입니다. 그래서 보통 이성적이고 냉정하다는 느낌을 줍니다. 그러나 그 복종은 굴복이 아닙니다. 창조를 위한 전략이지요. 과학자는 창조자이기에 차가울 수가 없습니다. 창조는, 그것이 무엇이든, 사랑 속에서 이루어지는 것이지 차가운 마음으로 할 수 있는 게 아니기 때문입니다.

과학자의 마음과 시인의 마음과 조각가의 마음은 다르지 않습

탐험을 떠나며

니다. 그렇기 때문에 감성적이었던 제 꿈들이 사실과 검증이 지배하는 과학이라는 세계에서 지금껏 부서지지 않고 온전히 남을 수 있었습니다. 제가 하고 싶은 이야기는, 시인을 꿈꿨던 사람이 과학자가 되었다 해서 꿈이 없어진 게 아니라는 뜻입니다. 오히려 보기 드물게도 '시인의 마음을 지닌 과학자'가 되었지요.

이 책을 읽을 독자들은 주로 미래를 꿈꾸는 청소년일 것입니다. 저는 이 책을 통해 그들에게 이야기해주고 싶습니다. 과학자는 공부 잘하는 사람, 지식 많은 사람이 아니라 지혜로운 사람, 따뜻한 감성을 가진 사람임을. 또한 가슴속에 한번 자리 잡은 꿈은 억지로 내쫓지만 않는다면 끝까지 남아 있다는 것도 전하고 싶습니다.

이 세상에 쓸모없는 꿈은 없습니다. 그러니 꿈꾸었던 길로 들어서지 못했다 해서 가슴속에 자리 잡은 꿈을 내쫓진 마세요. 오히려 도망가지 않도록 자리를 만들어주는 것이 훨씬 좋은 방법입니다.

과학자로 살아오면서 깨달은 제 나름의 '성공 철학'이 있습니다. 바로 '가장 자연스럽게 사는 것'이 '가장 성공한 삶'이라는 것입니다. 다시 말해 세상에서 가장 성공한 사람이란 가장 '자기답게 사는 사람'입니다.

자기답게 살 수 있다는 것은 대단한 기술이며 능력입니다. 그냥 주어지는 것이 아니라 찾아 나서야 합니다. 습득해야 하죠. 때로는 '방황의 시간'도 필요합니다.

요즘 젊은이 가운데에는 방황 자체를 두려워하는 이들이 있습니다. 방황 없이 최단거리로 달리고 싶어하는 것이지요. 그러나 방황은 실패가 아닙니다. '자기답게 사는 길'을 찾는 데 꼭 거쳐야 할 통과의례 같은 것입니다.

어느 순간 자기 앞에 방황의 시간이 나타나거든, 반갑게 맞아주세요. 인생이 100미터 달리기가 아님을 깨달을 수 있는 아주 소중한 경험이 될 것입니다.

통섭원에서

ㅊ ㅈ ㅊ

## 차 례

**PART 2**

# 꿈이 많다 보니
# 방황도 많을 수밖에

**PART 3**

# 나의 꿈은
# 행복한 과학자

나의 정체성은 일곱 살 때부터 서서히 둘로 나뉘기 시작했어요.
'서울 생활에 적응하며 자라는 나'와
'강릉의 자연을 그리워하는 나'가 공존했지요.
강릉은 내가 우주를 처음 경험한 곳입니다.
모든 존재가 사라지고 거기 자연과 나,
딱 두 개의 존재만 있는 느낌을 받은 곳이지요.
나를 과학자로 만들어준 '꿈의 씨앗'은
대관령 저 너머에 숨어 있었습니다.

# PART 1

# 몸은
# 서울에서 자라고
# 마음은
# 강릉에서 자랐어

# 나의 꿈은 '딱지'로
# 시작되었어

### 육군 장교의 큰아들

"소년이 어디서 왔다고?"

"별이요."

"그래, 별. 이 글자가 바로 별이야."

아버지는 손바닥 반만 한 딱지를 내미셨다. 딱지에는 '별'이라
는 글자가 파란색 색연필로 쓰여 있었다.

"따라 해봐, 별!"

"별!"

나는 아버지를 따라 하면서 딱지에 쓰인 글자를 유심히 살폈다.

"그 아이가 뭘 먹었다고?"

"사과요."

"사과라는 글자 찾아봐."

글자가 쓰인 딱지는 아주 많았다. 두꺼운 마분지를 똑같은 크기로 잘라 만든 그 딱지들에는 각기 다른 색연필로 글자가 쓰여 있었다. 별, 뱀, 손, 꽃, 달 이렇게 한 글자씩 쓴 딱지도 있고, 사과, 가방, 하늘, 기린, 바다, 학교 등 두 글자씩 쓰인 딱지들도 있었다. 세 글자가 쓰인 딱지도 있었고 딱지 두 개를 합쳐서 새로운 단어가 되기도 했다.

아버지는 육사를 졸업한 육군 장교셨다. 전국 어디든 발령을 받으면 그곳으로 가야 했다. 내가 아기였던 시절에는 가족이 아버지를 따라다녔다. 그러다 내가 초등학교에 다닐 때부터는 살림을 따로 했다. 어머니와 우리 형제들은 주로 서울에서 살았고 아버지만 혼자 부임지에서 사셨다.

어머니는 아이들이 좋은 교육을 받으려면 이곳저곳 옮겨 다니며 사는 것이 좋지 않다고 생각하셨기에 그 문제에 대해서만은 아버지 앞에서 용감하게 주장하셨다. 무척 엄하고 가부장적이었던 아버지도 어머니의 그 생각에는 동의하셨던 모양이다. 대신 어머니가 양쪽을 오가며 살림을 하셨는데 내색은 없었어도 많이 힘드

셨을 것이다.

처음 서울에 살 때는 집을 장만하지 못해 외삼촌 댁에 방 한 칸을 얻어 살았다. 더부살이로 서울생활을 시작한 셈이다. 그때 아버지는 대개 전방에서 근무하셨다.

아버지는 자식들이 달려가 안기거나 졸졸 따라다닐 만큼 다정다감한 성품은 아니었다. 군인다운 엄격함이 몸에 배어 있었다. 하지만 자식들 교육에 대한 관심과 열의는 대단하셔서 늘 이것저것을 가르쳐주셨다. 일부러 시간을 내 서울 집에 자주 오셨는데 우리 형제들 교육 문제가 걱정되셨기 때문이다. 아이들이 자라면서 아버지의 빈자리를 많이 느낄까 봐 그 점도 우려하셨던 것 같다.

## 이야기 듣는 재미에 깨우친 한글

아버지는 대하기 어려운 분이었지만 언제쯤 오실까 기다려지곤 했다. 아버지가 들려주시는 이야기가 그렇게 재미날 수가 없었기 때문이다. 아버지는 책을 읽히면서 글을 가르쳐주신 게 아니라 이야기를 들려주면서 글을 깨우치게 했다. 조금 독특한 방법이었다. 그러니까 정확히 말하면 아버지가 기다려졌다기보다 아버지가 내게 글 가르쳐주시는 시간을 기다렸다고 해야 할 것이다.

신기하게도 아버지는 재미있는 이야기를 엄청 많이 알고 계셨다. 만날 때마다 들려주시는데도 이야기보따리가 줄어들지 않았다. 이야기를 해주신 뒤에는 거기 나오는 낱말들을 하나씩 가르쳐주셨다. 손수 만든 딱지에 글자를 쓰셨는데 한글 교구를 직접 만들어 활용하신 셈이다.

아버지께서 해주시는 이야기는 여러 가지였다. 특히 '해님 달님 이야기' 같은 전래동화가 많았다. 그중 내가 가장 좋아한 이야기는 《어린 왕자》 또는 〈E.T.〉의 변형판이었다. 지금은 정확하게 기억나지 않지만 줄거리가 대충 이랬던 것 같다. 한 소년이 여러 별을 여행하다가 지구에 도착했고, 비행기 조종사를 비롯하여 여러 사람을 만나 사귀고 정이 든다. 그러면서도 소년은 한편으로 늘 자기별을 그리워했고, 어느 날 드디어 그곳으로 돌아간다. 뼈대만 놓고 보니 너무 앙상해 보이지만 당시 아버지께서 들려주실 때는 완전히 빠져들 만큼 흥미진진했었다. 나중에 고등학생이 되어 《어린 왕자》를 읽었는데 여전히 머릿속에 생생하게 남아 있는 아버지의 그때 이야기와 무척 비슷하다는 생각이 들었다.

어쨌거나 난 그 이야기를 무척 좋아했다. 그래서 아버지께서 다른 글자를 익히게 하려고 어떤 이야기를 들려줄까 생각하시는 눈치면 그 이야기를 또 해달라고 조르곤 했다.

얼마만큼의 이야기들을 들었을까. 이제 거의 형태를 분간할 수 없는, 아주 낡은 흑백사진 같은 시간대의 이야기라 제대로 기억도 나지 않는다. 하지만 그렇게 이야기를 듣고 딱지의 글자를 눈으로 익히면서 나도 모르는 새 한글을 조금씩 깨우쳐갔다. 이야기가 있었기에 더 빨리, 그리고 꼼꼼하게 익힌 것 같다. 그때부터 나는 이야기를 좋아했다.

## 글자를 알게 되니 세상이 달라지더라

초등학생 때 어느 겨울방학엔가는 강릉 할아버지 댁에서 서당에 다니기도 했다. 그때 천자문을 가르쳐주시던 훈장 선생님은 오래전 아버지께 한문을 가르쳐준 분이셨다.

할아버지는 글을 못 배우셨다고 한다. 할아버지가 태어나자마자 증조할머니께서 돌아가셔서 형님인 큰할아버지 집에서 거의 머슴처럼 사셨다고 들었다. 큰할아버지는 한학까지 하신 분인데 막내아우에게 글을 안 가르치고 머슴으로 부린 것이다. 그래서 할아버지께서는 그야말로 낫 놓고 기역자도 모르는 문맹이셨는데, 머리가 비상하게 좋으셔서 어떤 일을 맡아도 기가 막히게 잘하셨다.

배우지 못한 한 때문인지 할아버지는 공부하는 걸 아주 귀한 일로 여기셨다. 내 손을 붙들고 서당까지 데려다주시던 풍경이 어렴

육군 장교셨던 엄한 아버지와
교육열이 남다르셨던
어머니 사이에서 자란 나.
남동생이 셋이나 있었기에
커갈수록 장남이라는
이름의 무게가 점점 더해갔다.

풋이 기억나기는 하지만, 더 어릴 때 아버지께 한글을 배우던 장면
들보다는 또렷하지 않다. 어린 나에게는 글자를 깨우치는 것보다
재미난 이야기를 듣는 것이 더 마음에 남았기 때문이리라.

이야기를 들으면서 배웠던 글자들은 단순한 글자가 아니라 상
상력을 키워주는 연결고리가 되었다. 낱말 하나하나를 읽고 이해
하게 되면서 내 머릿속 상상의 세계도 조금씩 넓어졌다.

이제 와 생각해보면 나는 이야기를 좋아했을 뿐 아니라 이야기
를 생각해내길 좋아하는 아이였다. 그렇지만 초등학교도 들어가지
않은 어린아이가 생각해낼 수 있는 이야기란 당연히 아주 단순했
을 것이다. 그 세계를 넓혀준 것이 바로 글자가 아니었을까. 글자

를 익힘으로써 다양한 소재를 갖게 되고, 단어 하나하나가 상상력의 씨앗이 되지 않았을까.

내게 한글을 깨우치도록 도와준 딱지들, 아버지의 손때가 묻은 그 딱지들이야말로 훗날 내가 '시인의 마음'을 갖도록 해준 첫걸음이었다.

# 내 정체성이
# 둘로 나뉘기 시작했어


## 강릉의 자연을 떠나 서울로


우리 가족이 영등포의 외삼촌 댁에서 더부살이를 시작한 것은 내가 일곱 살이 되던 해였다. 아마 나를 서울에서 공부시키려는 어머니의 조바심 때문에 준비가 미처 되지 않았는데도 서둘러 이사를 한 것 같다. 마침 아버지께서도 가까운 곳에 발령을 받으셨다.

여덟 살이 되자 나는 영등포시장 한복판에 있는 영동초등학교에 입학했다가 1학년이 끝난 겨울에 신길동으로 이사를 했다. 전학한 곳은 우신초등학교로, 신길동과 대방동 인근에서는 가장 큰 초등학교였다.

그런데 그때부터 서서히 나의 정체성이 둘로 나뉘기 시작했다. 내 안에는 '서울생활에 적응하며 자라는 나'와 '강릉의 자연을 그리워하는 나'가 공존했다.

그런 내가 초등학교 시절 중 행복한 추억으로 간직하고 있는 특별한 시기가 있다. 두 달쯤 학교에 다니지 않을 때였는데 지금도 기억이 새록새록 난다. 우신초등학교 6학년 때 한 번 더 전학을 했는데 새 학교에 들어가기 전까지 공백이 생겼던 것이다.

대한민국 부모의 교육열은 예나 지금이나 마찬가지인데, 내가 초등학교 다니던 시절에 소위 말하는 '치맛바람'이 불기 시작했다. 우리 어머니도 예외가 아니었을 뿐 아니라 순위를 매기자면 상위권에 속할 정도였다. 당시는 중학교도 평준화가 되어 있지 않았다. 그래서 어머니는 내가 명문 중학교에 진학하려면 명문 초등학교에 다녀야 한다고 생각하셨다.

우신초등학교는 변두리 학교 그룹에 속했는데, 아무리 학교가 크다지만 변두리 학교를 졸업해서는 명문 중학교에 진학하기 어렵다고 보신 것이다. 명문 중 · 고등학교는 시내 한복판에 있는 교동, 미동, 재동 등 '동'자 돌림 학교와 덕수초등학교 정도를 졸업한 아이들이 거의 차지하는 상황이었다.

어머니는 우리 집 형편과는 전혀 어울리지 않는 치맛바람 대열에

내가 초등학교에
들어갈 즈음
우리 가족은
서울살이를 시작했다.
신길동 옛집에서
찍은 사진.

용감하게 뛰어드셨다. 바로 나를 우리나라에서 가장 오래된, 전통 있는 교동초등학교로 전학 보낼 결심을 하신 것이다. 그런데 전학과 정이 매끄럽지 않아서 나는 한동안 '낙동강 오리알' 신세가 되었다.

아니, 낙동강 오리알은 사실 적절치 않은 표현이다. 전학 문제가 해결된 5월까지 약 두 달 동안, 나는 더없이 행복한 시절을 보냈기 때문이다.

내가 5학년을 마친 겨울, 우리 집은 군인아파트로 이사를 했다. 그 일대가 용산 해방촌이라 불렸는데 군인아파트는 내가 알기로 우리나라 최초의 아파트촌이었다. 남산 바로 아래에 있던 그 아파트촌은 지금도 터널 들어가는 오른쪽에 있다. 물론 지금은 군인아파트가 아니지만 말이다.

봄이 오고 새 학년이 시작됐지만, 말했다시피 '무소속'이었던

과학자의 서재

나는 또래들이 모두 학교에 가고 나면 혼자 남았다. 그렇지만 전혀 심심하지 않았다. 아이들이 교실에 있을 그 시간에 남산에 올라 구석구석 샅샅이 뒤지며 놀았다. 버찌가 익기 시작하자 돌아다니며 버찌를 따 먹기도 하고 다람쥐 쫓아다니는 재미로 시간 가는 줄 몰랐다. 그리고 나서는 가재를 잡느라 개울을 따라 내려가곤 했다.

그야말로 천국이 따로 없었다. 네모난 교실 안에 콩나물시루의 콩나물처럼 촘촘히 박혀 공부하는 대신, 좋아하는 산과 개울을 뛰어다니며 실컷 놀 수 있었으니 말이다.


## 서울 한복판에서 가재를 잡았어

그렇게 혼자 먼저 탐사를 해놓은 다음, 동네 친구들이 학교에서 돌아오면 또 그 아이들을 끌고 남산을 다시 올랐다.

서울 한복판에 있어서이기도 하고 다른 시설물도 많아 산으로서 가치가 그다지 알려지지 않았지만, 사실 남산은 산으로도 꽤 괜찮은 곳이다. 남산으로 올라가려면 우리 동네였던 해방촌(용산) 쪽에서 시작되는 길도 있고, 후암동 쪽이나 필동, 한남동 쪽에서도 길이 있었다.

친구들은 산에서 노는 것보다 가재 잡기를 더 좋아했다. 당시 남산에는 크고 작은 개울이 여럿 있었는데 우리는 '하루는 이쪽 개울, 그다음 날은 저쪽 개울'하는 식으로 따라 내려가며 가재를 잡았다. 지금은 그 개울이 다 막아 없어지고 말았지만 당시에는 참 놀기 좋았다.

가장 자주 놀았던 곳이 남산에서 힐튼호텔 쪽으로 해서 한남동, 옛 단국대학교 앞으로 흘러가는 개울이었다. 후에 한남대교로 이어지는 길이 생기는 바람에 하수도가 되어버렸는데, 그전에는 제법 괜찮은 개울이었다.

그 시절에는 단국대가 있던 자리와 한남동 외인촌 들어가는 길목 근처에서도 가재가 잡혔다. 오전에 출발해서 개울을 따라 내려가다 보면 오후 두세 시쯤 단국대 앞에 닿았다.

미국 유학 시절에 아내와 어릴 적 이야기를 나눈 적이 있다.

"가재 잡고 놀던 그때가 얼마나 좋았는지 몰라. 지금도 어제 일처럼 기억이 생생할 정도야."

내 말을 듣고 있던 아내가 갑자기 "아!" 하고 탄성을 내지르더니 웃기 시작했다. 그러더니 이렇게 말했다.

"맞아, 학교 파하고 집에 가다 보면 개울에 들어가 노는 애들이 있었어. 그 더러운 개울에서 꾀죄죄한 몰골로 뭐가 그리 신 나는지…… 볼 때마다 참 이상하다고 생각했는데, 그중 한 사람이었겠네?"

아내는 한남동 외국인촌에서 자란 유복한 집안의 아이였다. 그 여자아이 눈에는 동네를 지나는 개울이 개울로 보이지 않고 더러운 수채로 보였던 게다.

"그럼 내가 그 이상한 아이들 중 한 명이랑 결혼한 거네?"

아내는 지금도 가끔 그 이야기를 하며 웃곤 한다.

나야 워낙 정신없이 개울을 따라 내려가는 길이었기에 주변이 아직 산속인지 동네로 접어들었는지 알지 못했다. 설령 알았다 하더라도 가재만 잡혔으면 됐지 개울이 더럽든 어떻든 상관도 하지 않았을 것이다. 하지만 아내는 동네 앞을 흐르는 수챗물에 풍덩 빠지다시피 하며 노는 아이들을 이해할 수 없었던 모양이다.

개울에서 가재 잡느라 정신없이 놀던 소년과 그 모습을 보며 이상하고 더러운 아이들이라고 생각했던 소녀가 이십 년 가까운 세월 뒤에 결혼을 했으니, 인연이란 참 오묘한 것이다.

아무튼 남들은 벌써 중학교 진학시험에 신경 쓰며 공부에 매달리고 있을 때 나는 남산으로, 개울로 돌아다니며 신 나게 놀았다. 그렇게 자연 속에서 놀 때 나는 가장 자유로웠고 행복했다. 그리고 그것은 내가 이후 동물학자로 살아가는 데 무엇보다 큰 바탕이 되어주었다.

## 전학 간 첫날 세상공부 좀 했지

그렇게 신 나게 놀다 드디어 전학 절차가 마무리되어 교동초등학교에 다니게 되었다. 내가 속한 반은 6학년 2반이었다. 그런데 무슨 운명의 장난인지 전학 간 첫날, 소개를 하고 자리에 앉았는데 하필 월말고사 날이라지 뭔가.

나는 시내 최고라는 교동초등학교에 비하면 수준이 많이 떨어지는 변두리 학교에서 이제 막 전학 온 참이었다. 기를 쓰고 공부를 했어도 좋은 성적을 낼까 말까 하는 터에, 두 달 동안 잘 때만 빼고 내리 밖으로 나돌며 놀았으니 뾰족한 수가 있겠는가. 우신초등학교에서는 그래도 전교에서 손꼽히는 우등생이었지만, 배우지도 않은 내용에 대해 문제를 풀고 있으니 매시간이 깜깜할 뿐이었다.

며칠 후, 교실로 들어서는 담임선생님 손에는 채점한 시험지 뭉치가 들려 있었다. 아이들이 웅성거렸지만 그때까지만 해도 나는 앞으로 벌어질 일을 예상하지 못했다.

"먼저 국어부터!"

선생님은 아이들 이름을 몇몇씩 모아서 부르셨고, 이름이 불린 아이는 앞으로 나가 '엎드려뻗쳐'를 했다. 그러고 있으면 선생님이 다가와 틀린 개수만큼 몽둥이로 엉덩이를 때리셨다. 특히 산수(수학)는 틀린 문제 하나당 세 대인가 다섯 대였다. 나는 국어를 빼고는 과목마다 불려 나갔는데, 더욱이 산수는 거의 다 틀려서 엄청나게 맞았다.

그렇게 아플 줄 정말 몰랐다. 우신초등학교 다닐 때는 반장을 도맡아 할 정도로 모범생에다 우등생이었으므로 맞아본 경험이 없었다. 그래서 매 맞는 요령도 없었나 보다. 나중에 아이들이 말해주길, 매가 내려올 때 엉덩이를 살짝 낮추면서 리듬을 타야 덜 아프다고 했다. 그런데 나는 엉덩이에 힘을 준 채 고스란히 맞은 것이다.

정답보다 오답이 많았으니 맞기도 많이 맞았지만, 요령도 없는 주인 탓에 내 엉덩이는 만신창이가 되고 말았다. 다 맞고 자리로 돌아왔는데 평소처럼 앉을 수가 없었다. 엉덩이를 살짝 들고 있어야 했다. 허벅지에 힘이 들어가 아파도 내려놓을 수가 없을 정도로 엉덩이는 갈수록 더 아프고 저리고 화끈거렸다.

그 상태로 겨우 수업을 마치고 집에 왔다. 너무 아파서 바지를 내린 채 고개를 돌려 엉덩이를 보느라 낑낑대고 있는데, 하필 그때 어머니가 방으로 들어오셨다.

엉덩이가 온통 검붉은 걸 보고 어머니는 그 자리에 주저앉으셨다. 그야말로 기겁을 하셨다. 멍이 들었을 뿐 아니라 터지기 직전으로 피부에 피가 고여 엉덩이 살갗이 처질 정도였다.

"아무리 그래도 그렇지. 어떻게 이 지경이 되도록 때릴 수가 있단 말이냐?"

왜 맞았는지 설명을 듣고도 어머니의 놀람과 분노는 가라앉지 않았고, 끝내는 엉엉 소리 내어 우시고 말았다. 그러고 있을 때 아버지께서 퇴근해 들어오셨다. 당시 아버지는 육군 본부에서 근무하셔서 우리랑 같이 사셨다. 아버지는 어찌 된 건지 들으신 후 내겐 아무 말씀도 하지 않으셨고, 어머니에겐 그만 울라고만 하셨다.

이튿날 나는 전날보다 더 놀랐다.

아버지께서 담임선생님께 항의하기 위해 학교로 찾아오신 것이다. 그것도 권총을 차신 채로. 지금 생각해보면 우리 아버지도 참 재미있으신 분이다. 원칙적이고 엄한 성품인데도 자식의 피멍 든 엉덩이에는 이성을 잃으셨던 모양이다. 시위라도 하듯 굳이 권총을 보란 듯이 차고 오셨으니 말이다.

"우리 아이는 내가 압니다. 이렇게 맞을 아이가 아닙니다. 어떻게 선생님이라는 분이 학생을 그 지경이 되도록 때린단 말입니까?"

아버지의 목소리에는 위엄과 분노가 섞여 있었다.

그런데 담임선생님은 전혀 주눅 들지 않으셨고 당황하지도 않으셨다. 사과의 말은 더더욱 하지 않으셨다.

"재천이만이 아니라 모든 아이들이 똑같은 기준으로 맞았습니다. 재천이가 문제를 틀린 것을 어떻게 합니까? 재천이만 봐줘야 합니까?"

지금까지 아이들과 약속한 상황이라며 당당하게 반박하셨다. 아버지께서는 담임선생님으로부터 원하는 말을 듣지 못하자 교장 선생님까지 만났지만 당신이 기대한 만큼의 사과나 조치는 취해지지 않았다.

요즘 같으면 학생들을 그렇게 때리는 일은 일어나지도 않을 것이고, 만약 일어났다면 해당 선생님은 물론이고 학교까지 큰 낭패를 볼 것이다. 하지만 당시는 달랐다. 공부를 더 열심히 하라는 뜻에서 때리는 데에는 부모님들이 암묵적으로 동의하던 시대였다.

아무튼 나에겐 별다른 위로의 말도 하지 않았던 아버지가 학교까지 찾아오신 것도 놀라운 일이었고, 서슬이 퍼런 아버지 앞에서 기죽지 않고 끝까지 당당하시던 선생님의 태도도 무척 놀랍고 감동적이었다.

그러는 한편으로 이 엉덩이 매타작 사건은 내게 서울에서는 이제 자연을 꿈꾸기 어렵다는 것과 혹독한 중학교 입시만이 눈앞에 있다는 현실을 똑똑히 확인시켜주었다.

# 과외 공부는 나를
## '이상한 나라의 앨리스'로 만들었어

### 아들들 공부만큼은 양보가 없으셨던 어머니

6학년 한 해밖에 다니지 않았지만(그것도 두 달을 빼먹고서), 나는 교동초등학교 졸업생이다. 하지만 졸업앨범을 뒤적거려도 아련한 추억이 떠오르거나 보고 싶은 친구가 많다거나 하는 것도 아니다. 당연한 일인지도 모른다. 추억이란 공유하는 시간의 길이가 그 전제조건 중 하나일 테니 말이다.

그런데도 학창 시절 선생님 중 내가 가장 존경하는 분은 6학년 때 담임선생님이다. 바로 전학 간 지 며칠 만에 내 엉덩이를 피멍으로 물들게 하셨던 정인화 선생님.

어머니는 내가 명문 중학교에 입학하기를 염원하셨기에 무리를 해가면서 전학을 시키셨다. 하지만 교동초등학교에 다닌다고 문제가 해결되는 건 아니었다. 오히려 어머니에겐 더 큰 근심거리가 생겼다. 학교를 옮기니 공부 잘하는 아이들이 더 많았고, 그 학교 아이들 대부분이 명문인 경기중학교나 경복중학교를 목표로 달리고 있음을 더 생생하게 접하게 된 것이다. 당연히 어머니의 걱정과 조바심은 더 커졌다.

특히 어머니를 심란하게 만든 것은 과외였던 것 같다. 상위권 아이들 상당수가 과외를 받는다는 사실에 초조한 마음을 내비치셨다. 하지만 우리 집은 자식들을 과외까지 시킬 만한 형편이 되지 않았다. 그럼에도 어머니는 아들 넷을 훌륭하게 키운다는 목표를, 특히 장남인 내가 성공할 수 있도록 모든 지원을 하겠다는 결심을 누그러뜨리지 않으셨다. 그래서 현실에선 불가능하다 싶은 일을 늘 벌이셨고, 또 해결해나가셨다.

"나는 우리 아들들을 최고까지 가르칠 거야. 어떻게 해서라도 모든 뒷바라지를 할 거야."

어머니는 우리에게인지 당신 자신에게인지 종종 이렇게 말씀하셨다.

군인 월급이라는 게 빤했고, 게다가 바로 아래 동생이 심장병을 앓고 있어 병원비도 만만찮았다. 초등학교 2학년 때 심장판막증 진단을 받은 동생은 몇 번이나 죽음의 고비를 넘나들었다. 그때마다 명동성당 바로 옆에 있던 성모병원으로 실려 가곤 했다. 나는 본래 타고난 개구쟁이였고 명랑한 성격이었다. 그런데 한편으로는 다른 친구들에 비해 조숙한 면도 있었다. 아마도 병마와 싸우는 동생과 그로 말미암은 집안 분위기 때문이었을 것이다.

동생은 입원과 퇴원을 반복했는데 어떤 때는 몇 달씩 입원을 하기도 했다. 동생의 가슴을 보면 심장이 뛰고 있는 것이 겉으로도 다 보일 정도였다. 그런데 당시에는 심장판막증을 수술로 치료할 만큼 의술이 발달하지 않아서 페니실린 처방만 할 뿐이었다. 동생 엉덩이를 보면 바늘 꽂을 데가 없었다. 워낙 주사를 많이 맞았기 때문이다. 그 엉덩이를 볼 때마다 가슴이 아팠고 대신 맞아주고 싶다는 생각을 수도 없이 했다.

동생이 아픈 것 못지않게 신경 쓰이는 점이 한 가지 더 있었는데 바로 치료비였다. 동생이 입원하면 내가 병원에 가서 간호도 해주고 그랬다. 그러다가 가끔 주치의 선생님과 어머니가 나누는 이야기를 듣게 되었다. 그렇게 내가 주워들은 대로 셈을 해봐도 도대체 계산이 안 나왔다. 아버지 월급으로는 동생 한 달 병원비도 채 안 될 것 같았다.

그런 상황인데도 어머니는 도대체 무엇을 믿고 그러셨는지 "우리 아들들 공부하는 데 최고의 지원을 할 거다"라고 입버릇처럼 말씀하셨다. 어머니는 장남에게 과외를 시키자고 틈나는 대로 아버지를 설득하셨다. 하지만 아버지께는 씨도 안 먹히는 소리였다.

"과외? 그게 뭐야? 난 나 혼자 힘으로 여기까지 왔어. 강원도 전체에서 유일하게 육군사관학교에 붙었어. 강릉의 삼 천재 중 하나가 나였다고. 과외 같은 거 안 하고도 늘 1등이었다니까."

아버지는 집이 너무 가난해서 고등학교 진학도 어려운 형편이었다. 팔 남매의 장남이라 집안을 책임져야 했기 때문인데 선생님들이 찾아와 할아버지께 사정을 해서 어렵사리 진학할 수 있었다고 한다. 그냥 두기에는 아까울 만큼 공부를 잘하셨던 것이다. 그때 할아버지께서는 농사일을 하던 대로 다 해야 한다는 조건을 다셨다. 아버지는 그 약속을 지켰다. 학교에 다니면서 농사일까지 하셨고, 그러면서도 1등 자리를 놓치지 않았다. 그렇지만 아무리 열심히 농사를 지어도 형편은 나아지지 않았다. 학교생활을 하는 데는 소소하게나마 돈이 필요한데 이런 돈은 고모가 가끔 챙겨주셨다고 한다.

아버지 성적으로는 서울대학교에도 충분히 입학할 수 있었지만, 집안 형편 때문에 학비를 전액 장학금으로 충당하고 생활비까지 지원받을 수 있는 육사에 응시하셨다. 그것도 고등학교 2학년 때 시험을 봤는데 강원도를 통틀어 합격생은 아버지 혼자였다. 당

몸은 서울에서 자라고 마음은 강릉에서 자랐어

시 그 일대에는 천재라고 소문이 자자했다는 것이다.

"농사일 다 하면서도 항상 1등만 했어. 내가 과외를 받아서 그 렇게 됐겠어? 그런 거 안 해도 될 놈들은 되게 마련이야. 다 본인이 하기에 달린 거야. 과외는 무슨 놈의 과외야?"

아버지께서 소리를 지르셨지만, 어머니는 다른 문제는 몰라도 자식 교육만큼은 절대 양보하지 않으셨다.

기어이 어머니는 내가 과외를 받도록 수를 찾아내셨다. 그것도 요즘으로 치면 고액과외를 말이다. 동생 치료비를 마련하는 것도 벅찼을 텐데 도대체 어떻게 그 과외 뒷바라지를 하셨는지 아직도 의문이다.


## 과외가 나를 철들게 했어

거의 50년이 지난 지금도 과외를 받던 집이 기억나는 걸 보면 내 인생에서 지워지지 않는 강렬한 체험이었음이 분명하다.

그 집은 종로 3가 뒷골목 어디쯤 있었는데, 당시 박신자 선수와 콤비로 유명했던 농구선수 김추자 선수 집이었다. 그 선수 동생도 우리 과외 팀원이었다. 당시 같이 과외를 받던 아이들을 보면 대개 병원 원장이니 체신부 차관이니 하는 상류층 아들들이었다. 도저히 나와는 공통점이 없는, 어울리지 않는 아이들이었다.

그런 아이들이 하는 과외에 내가 끼어들 수 있었던 것은 단순히 어머니의 교육열과 치맛바람 때문만은 아니었다. 아무리 간절해도 현실적으로 불가능한 일이 있는 법이니까. 그런데 그 유명한 과외 팀의 선생님이 아버지 밑에서 군 복무를 했던 분이었다. 어찌어찌 그 정보를 알아낸 어머니가 그걸 실마리 삼아 선생님을 찾아간 것이다. 어머니의 간절한 부탁을 받은 그 선생님은 나를 팀원으로 받아들일 것을 흔쾌히 약속하셨다 한다.

그날을 나는 생생하게 기억한다.

과외 첫날 어머니 손에 이끌려 그 집에 들어섰다. 과외를 받는 다른 아이들 어머니도 전부 와 있었다.

"변두리 출신의 아이를 우리 그룹에 끼워 넣을 순 없습니다."

"우리 아이들 수준이 평균적으로 낮아질지도 모르잖아요?"

"아무리 옛날 인연이 있다 하더라도 이런 결정을 하시는 건 이치에 맞지 않지요."

어머니는 물론이고 내가 있는 자리인데도 그분들은 전혀 망설이는 기색 없이 그런 말을 했다. 어린 마음에도 나는 몹시 자존심이 상했고 화가 났다. 내 마음이 이런데 어머니는 어떠실까 하는 생각이 들어 어머니 얼굴을 힐끔힐끔 쳐다보았다. 혹시나 어머니가 그분들과 싸우면 어쩌나 하는 걱정마저 들었다.

그런데 어머니는 그런 말들을 다 듣고도 설득을 계속하셨다.

"어머님들 말씀 이해됩니다. 하지만 우리 아들, 공부 잘합니다. 제발 우리 아이도 함께 공부할 수 있게 해주세요."

그러자 과외 선생님이 다른 어머니들에게 말씀하셨다.

"재천이가 빨리 따라붙을 수 있게 제가 따로 공부를 시키겠습니다. 절대 아이들에게 피해가 가지 않도록 하겠습니다. 지금까지 절 믿으셨듯이 이번에도 믿어주세요."

결국 어머니들은 선생님만 믿겠다며 자리를 떴다. 선생님과 어머니께 고마운 마음이 드는 동시에 바위처럼 무거운 부담감이 내 가슴을 짓눌렀다. 이렇게 해서까지 과외를 해야 하나 하는 의문도 들었다. 하지만 그것을 입 밖에 낼 순 없었다. 어머니는 돌아오는 길에 입을 꼭 다무신 채 한마디도 하지 않으셨다. 그런 어머니께 무슨 말을 하랴.

그렇게 해서 과외를 시작하게 되었다. 그런데 그날과 비슷한 느낌, 정확히 표현할 수 없지만 자존심도 상하고 화도 나고 어머니께 한없이 죄송하고 또 열심히 공부하겠다는 다짐도 하게 되는 복잡한 감정을 매달 한 번씩 다시금 느껴야 했다. 바로 과외비를 내는 날이었다.

요즘처럼 온라인으로 이체를 한다거나 하는 시스템이 아직 없던 시절이라 어머니들이 직접 과외비를 가지고 왔는데, 다른 어머니들은 하나같이 구슬백에서 돈을 꺼냈다. 당시는 구슬백이 유행이어서 웬만큼 사는 집 여인들은 모두 들고 다녔던 것 같다. 그런데 우리 어머니만 구슬백 대신 손수건에 돈을 싸 오셨다. 손수건에서 돈을 꺼내는 어머니의 모습을 볼 때마다 나는 어른이 되면 어머니께 구슬백을 꼭 사드리겠다고 다짐하곤 했다.

그런데 그런 다짐을 하면서 늘 슬픈 기분이 들었던 것 같다. 형편에 맞지 않는 과외를 받으면서 조금씩 철이 들기 시작했다고나 할까.

학교 수업이 끝난 뒤 곧장 과외를 받으러 가기 때문에 과외 수업을 받다가 도중에 저녁을 먹어야 했다. 옆 골목에 있던 한 식당을 단골로 정해놓고 먹었다. 매일 돈을 내는 게 아니라 장부를 만들어놓고 그날그날 먹은 것을 적어놓으면 어머니들이 과외비를 내는 날에 식당에도 들러 계산하셨다. 그리고 그날은 어머니들이랑 아이들이 한 달에 한 번 다 같이 식사를 하는 날이기도 했다.

당시 과외 팀 아이들 사이에서 내 별명은 된장찌개였다. 하루도 빠짐없이 된장찌개를 먹었으니까. 내가 그랬던 이유는 그 집에서 가장 싼 음식이었기 때문이다. 50원 정도였던 것으로 기억하는데, 손수건에서 돈을 꺼내던 어머니 모습을 떠올리면 다른 아이들이 먹는 불고기나 갈비탕 같은 걸 시킬 수가 없었다.

내가 왜 그러는지 사정을 훤히 아는 선생님께선 장난스레 꿀밤

몸은 서울에서 자라고 마음은 강릉에서 자랐어

을 먹이시면서 가끔 이렇게 말씀하셨다.

"야 인마, 엄마가 내주실 거니까 다른 것도 먹어. 아니, 오늘은 선생님이 사줄게, 갈비탕 한번 먹어봐."

하지만 나는 여전히 똑같은 걸 시켰다.

"저 갈비탕 별로 안 좋아해요, 느끼해서. 된장찌개가 제일 맛있어서 먹는 거예요."

그러면서 맛있게 밥을 먹었다. 자존심 때문이었다. 아무리 타고난 식성이 토속적인 사람이라 해도 몇 달째 된장찌개만 먹는다면 당연히 물리지 않겠는가. 하지만 나는 아주 맛있게 먹었다. 내가 할 수 있는 일이라곤 그것밖에 없었으니까.

그렇게 과외비를 내고 함께 식사를 하고 나면 어머니와 나는 당시 단성사와 피카디리극장이 있던 곳에서 청계천 쪽으로 걸어 내려와 버스를 탔다. 집으로 돌아오는 버스 안에서 나의 마음은 점점 무거워지곤 했다. 버스를 타고 오다 보면 성모병원을 지나치기 때문이다. 병원을 보면 아파 누워 있는 동생과 아버지 월급보다 많은 병원비가 떠오르고, 달랑 차비만 남아 있을 어머니 손수건이 생각났다. 된장찌개 말고 다른 음식을 먹었다면 차비도 남아 있지 않을 그 손수건을 생각하면 당장이라도 과외를 그만두고 싶은 생각이 굴뚝같았다.

하지만 그 비슷한 말도 꺼낼 수 없었다. 그런 말을 못하도록 어머니께서 미리 못을 박으셨기 때문이다.

　과외를 시작한 지 두 달이 지나자 과외하는 아이들 중에서 내 성적이 가장 상위권에 들었다. 하지만 1등의 고지는 쉽지가 않았다. 우리 반에 전교 1등을 도맡아 하는 박천상이라는 친구가 있었는데 아무리 해도 그 친구를 뛰어넘을 수가 없었다.

　그러다가 드디어 박천상을 따라잡고 반에서 1등을 했다. 과외 팀의 어머니들이 모두 내 엉덩이를 두드리며 칭찬을 해주셨다.

　"아유, 너네 엄마 좋으시겠다."

　"그래, 구슬백 없으면 뭐 어떠냐? 아들이 1등이니 얼마나 좋으실까?"

　처음엔 나를 받아들일 수 없다고 하던 분들이었는데, 분위기가 완전히 바뀐 것이다.


## 가슴속 영원한 스승님

과외 팀은 여름방학 동안 세검정 밖 산에 있는 관음사라는 절에서 합숙까지 했다. 점차 집들이 들어서서 지금은 한 마을을 이루고 있지만, 당시만 해도 그곳은 산이었고 개울도 좋았다.

　주말이 되면 어머니들이 찾아와 개울가에서 고기를 구워 먹이

　　　　　　　　　　　　몸은 서울에서 자라고 마음은 강릉에서 자랐어

면서 몸보신을 시켜주고 가셨다. 일주일 동안 절에서는 고기를 먹지 못하고 절 음식만 먹기 때문에 걱정들을 하신 것이다.

다른 아이들은 절 음식을 싫어했지만 나는 절 음식이 무척 좋아 늘 맛있게 먹었다. 그뿐 아니라 절에 있는 동안 좋은 식사법도 익힐 수 있었다. 절에서는 놋그릇을 사용하는데 밥을 먹으면서 소리를 내면 안 되기 때문에 조심스럽게 먹어야 했다. 그리고 자신이 받은 음식은 다 먹어야 한다는 규칙도 있었다. 밥 한 톨 남김없이, 그릇을 깨끗이 한 다음 물을 부어 마셔 말끔히 비웠다. 발우공양을 하는 것이다.

처음에는 쉽지 않았지만 차근차근 하다 보니 어느덧 몸에 익었다. 그때 식사습관이 지금까지도 지켜지고 있는데 정말 잘 배웠다고 생각한다. 건강에도 굉장히 좋을 뿐 아니라 음식을 소중히 여기게 되었으니까.

절에서 공부하던 그 기간이 좋았던 가장 큰 이유는 산과 개울이 있었기 때문이다. 하루 공부를 마친 뒤 친구들은 잠들거나 쉬는 시간에 나는 혼자 절 주변의 산을 돌아다니곤 했다. 한낮의 휴식시간에도 친구들이 낮잠을 자거나 만화책을 볼 때 가만히 빠져나와 산을 돌아다녔다. 서울에서 학교 다니는 동안은 그런 짓을 못 해 몸이 근질거리던 참이라 물 만난 고기가 따로 없었다. 잠깐이라도 짬이 나면 산속으로 들어가 벌집을 뒤지고 도마뱀을 잡으며 혼자 신

나게 놀았다.

그렇게 산속에서 노는 시간은 혼자서 생각하는 시간이기도 했다. '지금 있는 곳이 과연 내가 있을 만한 곳인가?' 하는 생각을 가장 많이 했다.

'난 너무 이상한 삶을 살고 있어. 우리 집 형편으로선 불가능한 일이 나 때문에 계속 일어나고 있는 거야⋯⋯.'

함께 공부하는 친구들은 최상류층 애들인데 그 속에 끼어 내가 지금 뭘 하고 있는지, 어머니는 도대체 이 일을 어떻게 가능하게 만드시는지 생각할수록 고민도 깊어졌다.

결국 방학이 끝나고 집으로 돌아와서 나는 용감한 짓을 했다.

"어머니, 드릴 말씀이 있어요. 좀 앉으세요."

"왜, 무슨 얘기가 하고 싶어 그러니?"

난 잠시 망설이다 말을 꺼냈다.

"어머니, 아무리 생각해도 과외는 제게 벅찬 일입니다. 우리 집 형편을 모르는 것도 아니고⋯⋯. 지금까지 공부 많이 했으니 이제 그만두겠습니다."

그 말을 들은 어머니는 내 팔을 붙잡고 눈물을 보이셨다.

"재천아. 네가 명문 중학교에 입학하지 못하면 너랑 나는 아버지한테 쫓겨난다. 그래서 이렇게 무리를 해가며 과외를 시키는 거야. 제발 아무 말 하지 말고 계속해라. 엄마가 어떻게든 뒷바라지

할 테니까."

아무리 어머니가 우셔도 이번만은 내 생각대로 하겠다고 결심했다.

"제가 더 열심히 할게요, 어머니. 과외 선생님한테도 이미 말씀 드렸어요."

"재천아, 이놈아."

어머니께서 그토록 과외를 고집했던 이유는 나를 믿지 못하셨기 때문인 것 같다. 워낙 공부하는 것보다 노는 것을 좋아하는 녀석임을 잘 알고 계셨기 때문에 과외라는 외부자극이 없으면 혼자 힘으로 해낼 수 없다고 생각하신 것이다.

과외를 그만둔다니까 말린 사람은 어머니뿐만이 아니었다. 과외 선생님은 물론이고 심지어 다른 어머니들까지 극구 말리셨다. 과외 선생님은 과외비를 받지 않겠다고도 하셨고, 어머니들도 공부 잘하는 내가 있어야 다른 아이들이 자극을 받는다며 그만두지 말라고 하셨다.

평소에는 유순한 편이지만 곱슬머리에 최 씨인 나도 고집이 있어, 거듭되는 만류에도 그만두겠다는 생각을 돌리지 않았다.

과외를 그만두면서 혼자 열심히 공부하겠다고 약속했기 때문에 전처럼 놀 수가 없었다. 하지만 우리 집은 공부할 수 있는 환경이 아니었다. 군인아파트는 13평 정도의 작은 평수인 데다 아픈 동생

우리 형편에 맞지 않는
과외를 받으면서
나는 점점 생각이 많은
아이가 되어갔다.

이 항상 누워 있고 다른 동생 둘도 있어서 내가 공부할 공간이 없었다. 그래서 나는 수업이 끝나도 그대로 교실에 남아 공부하기 시작했다.

그러던 어느 날 담임선생님이 우연히 교실에 다시 돌아왔다가 나를 발견하셨다.

"너 과외 안 가니?"

나는 우리 집 형편상 과외는 무리라고 생각해서 그만두었다고 대답했다. 내 대답을 들은 선생님께서 말씀하셨다.

"재천아, 일요일마다 선생님 집으로 와."

그렇게 해서 나는 담임선생님께 과외를 받게 되었다. 9월부터

몸은 서울에서 자라고 마음은 강릉에서 자랐어

중학교 입학시험을 치를 때까지 일요일마다 전차를 타고 선생님 댁으로 갔다. 선생님은 돈암동에 사셨는데, 당시 돈암동에는 가파른 언덕에 집들이 들어서 있었다. 판자촌까지는 아니었지만 언덕을 올라갈수록 집의 크기는 작아졌다. 선생님 댁은 언덕 중간쯤에 있었다.

당시에는 현직 교사들도 과외를 할 수 있었다. 담임선생님도 과외를 하셨는데, 나 혼자만 따로 가르쳐주셨다. 과외비를 받지 않으셨으니 실은 과외라고 할 수도 없었다.

내가 좋은 성적으로 중학교에 진학할 수 있었던 데에는 정인화 선생님 덕이 정말 컸다. 선생님께는 감사한 마음을 늘 깊이 품고 있다. 무척이나 고마운 분일 뿐 아니라 그 당당함과 속 깊은 따뜻함을 존경해왔고 닮고 싶다고 생각해온 분이다.

1994년에 미국에서 귀국한 직후 나는 선생님을 찾아보았지만 안타깝게도 찾지 못했다. 스승의 날 즈음에 교육지원청에서 실시하는 '옛 스승님 찾아주기' 같은 프로그램에도 신청했는데 마찬가지였다. 겨우 알게 된 정보라고는 몇 년도에 어느 초등학교에서 퇴임하셨다는 내용뿐이었다. 교육지원청으로 전화를 걸어 몇 번을 부탁했지만 어디에 사시는지 알아낼 방법이 없었다. 강연이나 대담 프로그램이 아니면 절대로 TV 출연을 하지 않는 게 내 원칙이다. 그렇지만 〈TV는 사랑을 싣고〉라는 프로그램에 출연하면 선생님을 찾을 수 있을까 하는 생각도 수차례 해보았다.

　문득 이제는 돌아가셨을지도 모른다는 생각이 들면 가슴 한쪽이 서늘해지곤 한다. 다시 뵙지 못한 것은 안타깝지만 내가 이만큼 성장하는 내내 선생님은 내 가슴속에 항상 자리 잡고 계셨고 앞으로도 그럴 것이다.

# 나만큼 잘 논 아이가
# 또 있을까?

## 놀이 방법을 개발해서 노는 즐거움

초등학교 시절 나는 공부보다는 노는 것을 좋아했다. 어머니의 열의로 과외까지 했던 6학년 때를 빼면 온통 신 나게 놀았던 기억밖에 없다. 게다가 나는 놀이를 개발하는 데도 비상한 재주가 있었다. 구슬치기, 딱지치기, 땅따먹기 등 원래 있던 놀이를 더 재미나게 바꾸기도 하고 새로운 놀이를 만들어내기도 했다.

워낙 놀기를 좋아한 탓에 아버지께 자주 꾸중을 들었고 맞기도 많이 맞았다. 그런데도 내 안의 개구쟁이 본성은 다스려지지 않았다. 어머니는 아버지께 야단맞지 않게 하려고 내가 나갈 때마다 "빨리 들어와. 해 지기 전에 들어와야 한다"라고 당부하셨다. 하지만 나는 귓등으로도 안 듣고 거의 깊은 밤이 되어서야 집으로 돌아왔다.

주변이 서서히 검푸르게 물들기 시작하면 함께 놀던 친구들은 하나둘 집으로 돌아갔고, 찾으러 나온 어머니 손에 이끌려 가기도 했다. 그렇게 친구들이 다 들어가도 난 혼자 놀면서 친구들이 다시 나오기를 기다렸다. 저녁을 먹은 뒤 다시 몇몇이 나오면 그 친구들을 데리고 아까와는 다른 놀이를 제안해 놀았다. 배가 고프기도 했지만 노는 것이 더 좋았기 때문에 집에 들어갈 생각을 하지 않았던 것이다.

어머니도 다른 어머니들처럼 나를 데리러 나오기도 하셨지만 내가 워낙 날래게 요리조리 피해 다녔기 때문에 붙잡질 못하셨다. 지금 생각해보면 왜 그렇게 목숨 걸고 놀았는지 모를 일이지만, 당시는 노는 게 그렇게 좋았다. 어머니는 아픈 동생에, 다른 동생들도 챙기고 집안일도 하셔야 했기 때문에 그런 나를 관리하기에 손이 모자라셨다. 아버지께 맞고 난 그다음 날도 늦은 밤까지 노는 나를 어쩔 수가 없으셨다.

아이들도 나랑 노는 것을 재미있어했는데, 그것은 내가 여러 가지 새로운 놀이를 곧잘 생각해냈기 때문이다. 별의별 것을 다 만들어내서 동네 골목길과 옆 동네는 물론이고 미군부대 가까이 가서도 놀았다. 대방동 살 때는 심지어 샛강 주변에 가서 굴을 파고 놀기도 했다. 지금 생각하면 참 큰일 날 일이었지 싶다.

지금은 노들길이 된 샛강 강둑에 애들 여러 명이서 모종삽 같은 것으로 굴을 팠다. 그러고는 그 안에 들어가 앉아 강을 바라보곤 했다. 처음에는 굴을 파는 재미도 있었고 그 안에 들어가 강을 보는 것도 나름대로 운치가 있었지만 금방 싫증이 났다. 그래서 나는 기역자 모양처럼 그 지점에서 오른쪽으로 더 꺾어서 파자고 제안했다. 그냥 굴을 파서 앉아 있는 것도 위험천만한 일인데 방향을 꺾어가며 더 파들어 갔으니 그야말로 큰일 날 뻔한 일이었다.

그런데 그렇게 파고 들어가니 강은 보이지 않았지만 우리만의 공간이 생긴 것처럼 은밀한 느낌이 들어 모두 마음에 들어 했다. 완전히 깜깜해서 촛불을 가져가 불을 밝혔더니 무언가 음모적인 분위기가 더해져 최고였다. 그렇게 좁은 굴속에 서너 명이 웅크리고 앉아 이야기를 나누며 낄낄거렸다. 무슨 이야기가 그렇게 재미났었는지 지금은 정확히 기억나지 않지만 아무튼 우리만의 세계라는 독특한 공감대가 좋았다. 그땐 몰랐지만 나중에 영화 〈죽은 시인의 사회〉를 보면서 '어, 저 느낌이었어' 하는 생각을 했다. 영화에 나오는 서클 모임 장소인 학교 뒷산 동굴을 보자 당시 우리 동굴이 퍼뜩 떠오른 것이다.

과학자의 서재

그뿐이 아니었다.

가장 친했던 친구 윤승진(현재 변호사)과 함께 샛강에서 지칠 줄 모르고 놀곤 했다. 지금은 노들길에 파묻혀 흔적도 찾을 수 없지만 당시에는 대방동 강변에 여의도가 건너다보이는 작은 목장이 하나 있었다. 그 목장에 앉아 강을 내려다보며 그 친구는 노래를 하고 나는 시를 썼다. 그런데 승진이가 부르던 노래와 내가 쓰던 시는 수준이 달랐다. 그 친구는 그해 말 KBS 전국어린이노래경연대회 에서 최우수상을 받을 정도로 정말 구슬 같은 목소리로 노래를 했 다. 하지만 나는 그저 시랍시고 몇 줄 썼다가 이내 지워버리는 수 준이었다.

초등학교 3학년 때 청주에서 전학 온 그 충청도 촌놈과 강원도 촌놈인 나는 서울 시내에 살면서도 여전히 촌놈이기를 고집하던 허클베리 핀과 톰 소여였다. 우리 둘은 심심찮게 여의도를 건너다 니곤 했다. 당시엔 하루 중 어느 시간대가 되면 샛강의 수위가 약 간 낮아질 때가 있었다. 그때를 기다렸다가 강물이 얕아지면 샛강 을 건너 여의도로 가는 것이다. 그곳에 가면 땅콩밭이 있었다. 둘 이서 땅콩밭에 쪼그리고 앉아 땅콩을 캐서는 굽지도 않은 채 생으 로 먹기도 하고, 물고기를 잡거나 방아깨비를 쫓아다니곤 했다.

몸은 서울에서 자라고 마음은 강릉에서 자랐어

## 혼자 노는 방법도 무궁무진

강릉과 비교하면 자연에서 주는 놀거리가 다양하지 않았기에 서울에서는 이렇게 놀이방식을 개발하며 놀 수밖에 없었다.

그러나 놀기 좋아하는 나에게 부모님의 통제가 강력하게 들어올 때가 가끔 있었다. 그럴 때면 눈치껏 행동했다. 아이들하고 같이 노는 것 말고 혼자 노는 방법을 개발했다.

혼자 노는 방법은 주로 수집이었다. 가장 많이 모은 것이 돌이다. 특이하고 예쁘게 생긴 돌을 주워서 집 담장에 줄지어 놓았다. 우리 집 담장은 나무 쪽대를 이어 만든 것으로 집 바깥에서 보면 매끄러운 담장이지만 안에서 보면 쪽대를 이은 부분에 공간이 있었다. 그곳에 진열을 한 것이다.

돌만이 아니었다. 미군부대 근처에서 놀 때는 거기서 나온 조그만 병들도 모아 왔다. 고무마개가 달려 있었던 걸 보면 주사약 병인 것 같은데 당시는 별로 따지지 않고 보이는 대로 주웠다. 집에 가져와 깨끗이 씻은 다음 물을 담아놓고 갖가지 꽃을 한 송이씩 꽂아놓고 지켜보곤 했다. 어떻게 보면 그것이 내 최초의 생물학 실험이었던 셈이다.

며칠 만에 꽃 색깔이 변하는지도 살펴보았는데 꽃마다 반응이 다른 것이 재미있었다. 이렇게 돌멩이며 병들을 주워 와 담장에 진열해놓은 것을 보시곤 어머니는 제발 좀 치우라고 성화를 하셨다. 하지만 제풀에 심드렁해질 때까지 나는 수집과 관찰이라는 혼자 놀기 방식을 고수했다.

그런데 셋째 동생은 나보다 더 심한 수집벽을 갖고 있었다. 정말 별의별 것을 다 모으는 녀석이라 내가 두 손을 들고 말았다. 그때부터 수집은 셋째에게 물려주고 주종목을 구슬치기로 바꿨다.

사실 구슬치기는 초등학교 때보다는 중학교 때 본격적으로 진출하여 실력을 자랑하던 놀이였다. 어느 시점부터 화려한 구슬치기왕으로서의 삶이 시작되었다. 군인아파트의 쓰레기통 옆 양지바른 곳이 우리들의 아지트로, 시간이 되면 아이들이 저절로 모여들곤 했다. 처음에는 몇 알을 모아놓고 한 알로 맞추기를 하다가 나중에는 이른바 '이찌니상'을 했다. '홀짝'은 너무 쉽고 단순해서 나도 아이들도 좋아하지 않았다.

당시는 명절 때 가장 환영받는 선물이 설탕이었다. 우리 집에도 알루미늄으로 된 둥그런 설탕통이 다섯 개 정도가 있었는데, 그 통들 안에는 언제나 구슬이 가득 차 있었다. 내가 동네 최고의 구슬재벌이었다. 나만큼 많은 구슬을 가지고 있는 애는 한 명도 없었다. 게임만 했다 하면 이겼기 때문에 동네 구슬이 모두 내 차지가 된 것이다.

이때 깨달은 것이 하나 있다. 일단 구슬재벌이 되고 나면 점점

몸은 서울에서 자라고 마음은 강릉에서 자랐어

더 저절로 벌리게 된다는 것이다. 일단 게임을 할 때 겁이 나지 않았다. 상대가 백 개를 가지고 와서 나한테 덤비더라도 나는 수천 개를 가지고 있으므로 걱정할 게 없었다. 몇 번 져서 스무 개 정도 잃었다 해도 내가 한 번에 스무 개보다 많은 양의 구슬을 걸고 이기면 대번에 본전치기를 넘어서기 때문이다. 이렇게 물량작전을 썼기 때문에 아무도 나를 당해낼 수가 없었다.

심지어 동생들은 자기 형이 구슬재벌이니까 다른 애들이 구슬을 제법 가지고 있는 꼬락서니를 그냥 보고 지나치질 못했다. 누군가 구슬을 많이 갖고 있다 하면 내게 그 사실을 밀고했고, 나는 잽싸게 도전해서 몽땅 따 오곤 했다.

언젠가는 이런 일도 있었다.

셋째 동생이 헐레벌떡 달려와서는 누가 이사를 한다고 알려주었다. 그런데 그 친구가 구슬이 제법 많았다. 나는 우리 동네 구슬을 다른 동네로 그냥 보낼 수가 없다는 생각이 들었다. 그래서 그애에게 찾아가 시합을 하자고 했고, 이사하느라 짐을 나르는 집 한쪽 구석에 앉아서 그 아이 구슬을 모두 따고 말았다.

게임이 끝난 뒤 나는 구슬 백 개를 그 아이 주머니에 넣어주며 말했다.

"이것을 밑천으로 삼아 그쪽 동네에서 구슬재벌이 되도록 해."

딴에는 엄청 의리 있고 멋진 척을 한 것이다.

그런데 뛰는 놈 위에 나는 놈 있다고, 나름 구슬재벌이라 어깨에 힘주던 나를 이용하여 실리를 취하는 녀석이 있었다. 바로 셋째 동생이었다. 셋째 동생은 어려서부터 천재로 불렸는데, 그 때문인지는 몰라도 부모님께 특히 예쁨을 받았다.

그런데 이 녀석이 매일 과자나 사탕 같은 맛있는 것을 사 먹고 다니는 것이 아닌가. 나는 부모님께 항의하고 싶었다. 어떻게 아들이 넷인데 한 명에게만 먹을 것을 사주시느냐 말이다.

"너 그 사탕 어디서 났어? 어머니가 주셨어?"

물어봐도 셋째는 빙글거리기만 할 뿐 아무 대답도 하지 않았다. 나는 부모님께서 마냥 귀여워하는 녀석이니 어쩔 수 없다고 생각하고는 포기했다.

그런데 진실은 다른 곳에 있었다. 그 군것질거리는 부모님께서 사주신 게 아니었다. 녀석은 내 구슬을 가지고 장사를 한 것이다!

당시는 1원으로 구슬 두 개를 살 수 있었다. 나한테 구슬을 다 잃은 아이가 구슬을 사려고 가게로 뛰어가면, 셋째가 중간에서 끼어들어 "1원에 구슬 세 개 줄게"라고 흥정을 했다. 당연히 아이들은 동생에게 구슬을 샀고 동생은 그 돈으로 군것질을 했던 것이다.

집에 워낙 구슬이 많기 때문에 몇십 개쯤 없어져도 티가 나지 않았을 뿐 아니라 자기가 팔아도 형이 도로 따 올 것이라는 믿음이 있었기에 잔꾀를 부린 것이다. 그래도 어린 녀석이 어떻게 그런 생

몸은 서울에서 자라고 마음은 강릉에서 자랐어

각을 했는지 참 신기할 따름이다. 난 한 번도 구슬을 판다는 생각을 해보지 못했다. 구슬치기를 한 것은 따는 재미가 좋았기 때문이고, 그 결과물로 생기는 구슬을 그저 모으고만 있었을 뿐이다. 아무튼 그렇게 재주는 곰이 부리고, 실리는 다른 녀석이 챙겼다.

구슬 따기보다 팔기에 흥미를 느꼈던 셋째, 지금은 그 동생도 교수가 되었는데 나와는 다르게 이재에 밝다. 돈을 잘 벌기도 하지만 멋지게 쓸 줄도 아는 것을 보면 어릴 때 나타난 성향을 그대로 살리며 사는 것 같다.

# 동화전집과 백과사전이
# 내 재산 목록을 차지했어

**빈둥거리다 만난 보물**

방학만 되면 나는 가능한 한 빨리 강릉 할아버지 댁으로 달려갔다. 산으로 들로 강으로 맘껏 쏘다니고 싶어서 근질근질했기 때문이다. 요즘 학생들에겐 영화나 소설에나 나오는 이야기로 들릴지 모르겠다. 방학 때면 평소보다 더 많은 학원에 다녀야 하는 세상이니 말이다. 늦은 시간까지 가방을 멘 채 학원 버스를 타는 아이들, 또 다른 학원 건물로 터벅터벅 들어서는 꼬마들을 볼 때마다 안쓰러운 마음이 든다.

나는 학교 다닐 때조차 집에 돌아오면 한두 시간 정도는 아무것도 안 하고 빈둥거리기가 예사였다. 학원은커녕 놀거리가 떨어져서 막간을 이용해 쉬는(?) 거였다. 요즘 아이들에겐 다른 세상 이야기일 것이다. 그런데 빈둥거리는 것 역시 필요하고 좋다는 게 내 생각이다. 공부하다 휴식시간이 되면 게임기를 붙들고 사는 아이들, 이 아이들에게는 상상력이 자라날 공간이 부족하다. '아무것도 하지 않고 시간 보내기'를 못 하는 요즘 아이들을 보면 매우 안타깝다. 아무것도 하지 않는 시간에 우리 영혼과 가슴은 새로운 것을 받아들이고 만들어낼 밭을 일구는 것인데 말이다.

우리 때는 정말 빈둥거릴 시간이 많았다. 공부하기 싫어했던 나 같은 아이에겐 더욱 그랬다. 수업이 끝나면 학교 운동장에서 공을 차거나 집에 가방만 냅다 던져놓고 골목길로 뛰어나가 딱지치기 따위를 하면서 놀았다. 그런데 그러고도 시간은 늘 남았다. 그때는 집안에서 그저 빈둥거렸다.

그렇게 빈둥거리다 발견한 것이 《동아백과사전》이었다. 사실 나는 노는 데는 도가 텄지만 타고난 독서광은 아니었다. 책이 읽고 싶어 여기저기 찾아다니지도 않았을 뿐더러 당시는 교과서 외에 읽을 만한 책도 그닥 없었다.

마루에 앉아 바깥 거리를 바라보다가 그것도 시시해져 방안에 드러누워 뒹굴고 있는데 그 백과사전이 눈에 띄었다. 아마 초등학교 4학년쯤이었을 것이다. 그 책이 언제 어떻게 해서 책꽂이에 꽂히게 되었는지는 알 수 없다.

우연히 백과사전을 펼쳐본 나는 그때부터 틈만 나면 그 책을 끼고 살았다. 어느 쪽을 펼쳐도 읽을거리가 그득했다. 몰랐던 사실을 알게 되는 재미가 생각지도 못한 즐거움을 선사했고, 총천연색 사진까지 실려 있어 더욱 흥미진진했다. 내가 자주 본 분야는 동물에 대한 것이었는데 사진을 통해 처음 본 신기한 동물들이 나의 호기심을 마구 자극했다.

백과사전의 장점은 처음부터 차근차근 읽을 필요 없이 아무 쪽이나 펼쳐도 재미있게 읽을 수 있다는 것이다. 그날그날 마음 내키는 대로 펼친 쪽을 읽다 보면 마당 가득 노을빛이 물들곤 했다. 그 백과사전이 거의 너덜너덜해지도록 읽었던 것 같다. 그러다가 백과사전을 밀치고 나를 사로잡은 책이 등장했다. 바로 '세계동화전집'이었다.

## 새로운 세계를 열어준 세계동화전집

세계동화전집은 어머니가 아는 분에게 월부로 사신 책인데, 우리 집 책꽂이에 꽂힌 그날부터 나를 사로잡고 말았다. 자연 속에서 맘

몸은 서울에서 자라고 마음은 강릉에서 자랐어

껏 뛰어놀고 싶어 방학만 기다렸던 내게 새로운 세계가 열린 셈이었다.

전부 열두 권인 그 전집이 그때부터 나의 가장 친한 친구가 되었다. 동화를 읽는 동안 나는 세계 여러 나라를 여행하면서 그 나라 아이들과 사귀었다. 그리고 내 머릿속에서는 그 이야기들의 뒷이야기가 만들어지곤 했다.

그중에서 내가 가장 좋아하여 수없이 반복해서 읽은 이야기는 1권과 2권이었는데, 왜 그렇게 좋았는지는 지금도 정확히 설명할 수가 없다. 1권은 엑토르 말로의 《집 없는 천사》였고 2권이 에드몬드 데 아미치스의 《사랑의 학교》였다. 몇 해 전 누군가가, 어렸을 때 가장 감명 깊게 읽은 동화가 무엇이냐고 물은 적이 있는데 이 두 권 중에서 고민하다 결국 《사랑의 학교》라고 답했다. 그러곤 내친 김에 서점에 들러 《사랑의 학교》를 사서 다시 읽었다.

이후 한 신문사에 서평을 연재하게 되었을 때 나의 어린 시절을 함께한 이 책에 대해 서평을 쓰기도 했다. 다시 《사랑의 학교》를 읽기 전까진 내가 가장 좋아하는 동화가 《집 없는 천사》인지 《사랑의 학교》인지 정하지 못할 정도로 두 책을 다 좋아했다. 그런데 《사랑의 학교》를 다시 읽으면서 읽는 내내 몇 번이나 눈시울을 붉혔고 끝내는 혼자 소리 내어 흐느끼고 말았다. 이제는 내가 가장 좋아하는 동화는 《사랑의 학교》라고 분명히 대답할 수 있다.

이탈리아 작가 아미치스가 쓴 《사랑의 학교》는 100년이 훨씬 넘은 지금까지도 전 세계 아이들에게 읽히는 명작이다. 작가는 전쟁을 겪어서인지 어린이들이 큰 사랑을 할 수 있는 사람으로 성장하기를 바라는 마음에서 이 이야기를 썼다고 밝혔다.

이 책은 엔리코라는 주인공이 학교생활에서 일어나는 여러 가지 사건을 관찰한 일기 형식의 글이다. 친구와의 우정, 선생님과 학생들 간의 두터운 정, 부모님의 깊은 사랑, 어려움을 극복해내는 의지, 바른 것을 지향하는 정의로운 마음 등이 모두 들어 있다.

그리고 주인공과 친구들의 생활 외에 담임선생님이 매달 하나씩 들려주는 형식으로 되어 있는 '이달의 이야기'라는 코너도 무척 감동적이다. 나를 가장 강렬하게 사로잡은 이달의 이야기는 〈피렌체의 착한 소년〉이었다. 아버지와 아들의 정을 진하게 느낄 수 있는 아름다운 이야기다.

이후 내가 나이를 먹고 살아가면서 나름대로 만들어온 원칙이나 삶을 대하는 자세도 은연중 《사랑의 학교》에서 영향을 받았음을 알게 되었다. 그 이야기들 속에 어떻게 타인을 사랑하고 정의와 진실을 지켜나가는지가 들어 있기 때문이리라.

우정, 사랑, 정의 등의 주제를 주입식이 아니라 감동을 느끼면서 깨닫게 해주는 《사랑의 학교》는 어른들에게도 다시 한 번 읽어보라고 권하고 싶다. 어렸을 때는 그 이야기를 무척 좋아하면서도 울었던 것 같지는 않은데, 나의 역할과 위치가 달라져서 색다른 감동을 느끼게 되었나 보다. 좋은 책은 언제 읽어도 그때그때 새로운 감동을 주는 것이며, 그 사람의 인생에 지대한 영향을 미친다는 것을 다시금 실감했다.

이 세계동화전집은 중학교에 진학하여 새로운 소설을 접하기 전까지 나의 세계였다. 수없이 읽고 또 읽었다. 그 이야기들의 주인공이 되어 많은 경험을 하면서 생각주머니를 키워갔다. 세계동화전집을 만나기 전의 나와 만난 후의 나는 달라졌다. 간단히 말하면 그전까진 없었던 사유의 세계가 만들어지고, 상상력의 범위가 넓어졌다고 할까?

동화전집을 읽기 전에는 집에서든 시골에 가서든 밤늦게까지 무조건 뛰어놀기만 했다. 특히 시골에 가면 고삐 풀린 망아지처럼 안 다니는 곳이 없을 정도로 천방지축 쏘다니며 놀았다. 벌레도 잡고 물고기도 잡으며 눈만 뜨면 싸돌아다니느라 방학이 끝나면 온통 새까맣게 타 있곤 했다. 생각을 하기보다는 마냥 몸으로 논 것이다.

그런데 동화전집을 읽고 난 후에는 세상과 자연을 대하는 태도부터 달라졌고, 당연히 행동에도 변화가 생겼다. 학교생활을 할 때는 물론이고, 뛰놀 곳 천지인 시골에서도 혼자 가만히 있는 시간을 스스로 만들기 시작했다. 산에 올라가 (누구의 무덤인지 몰라도) 무덤 옆에 앉아 한참 생각에 잠기기도 하고, 작은 노트를 들고 가서 무언가를 쓰기도 했다. 소 풀을 먹이러 나가서도 소는 대충 묶어놓고 냇가에 앉아 냇물이 흘러가는 모습을 물끄러미 바라보곤 했다.

그러면서 머릿속으로 동화를 써보기도 했다. 일종의 아류 동화였다. 읽은 이야기를 각색해서 이야기를 짓는 것이다. 한참 그러고 있으면 전집 속의 이야기와 줄거리가 너무 비슷해서 혼자 계면쩍어하기도 했다.

그때의 변화를 지금 내가 쓰는 말로 표현한다면 개체화를 시작했다고나 할까? 예전에는 삼촌들이랑 논병아리 알을 찾다가 그것을 깨 먹으면서 마냥 신이 났었는데 이제는 나 자신도, 논병아리도 객관적으로 보기 시작한 것이다.

특히 서울에서의 생활에 더 많은 변화가 생겼다. 동화전집을 읽기 전엔 학교생활이 지겹게만 느껴졌고 방학만 기다렸었다. 그나마 학교에서도 친구들과 어울려 노는 데만 열심이었다. 그런데 동화전집을 읽은 후부터는 혼자만의 시간을 갖기 시작했다. 운동장 한쪽에 앉아 사색에 잠기기도 하고 시골생활을 상상 속에 재현해내어 즐기곤 했다. 때로는 더 나아가 스토리를 만들어내기도 했다. 예를 들어 과수원 서리를 하다가 잡히는 상상을 하거나 강을 타고 낯선 곳을 여행하는 상상을 하기 시작했다. 아마 동화전집을 읽지 않았다면 상상의 세계라는 그 무한한 차원을 알 수 없었을 것이다.

몸은 서울에서 자라고 마음은 강릉에서 자랐어

이 모든 게 어머니가 월부로 사주신 세계동화전집의 영향이었다. 다른 아이들처럼 위인전부터 읽었다면 나의 성향이 달라졌을지도 모르겠다. 동화전집을 읽고 난 뒤 위인전을 몇 권 읽었는데, 재미도 감동도 없었다. 헬렌 켈러만큼은 인상 깊게 읽었지만.

분명한 근거를 댈 수는 없지만 위인전보다 동화전집을 먼저 접한 것이 내게 좋은 영향을 미쳤다고 생각한다. 초등학교 고학년이 되면 모두 성장의 시기를 겪게 마련인데, 나는 동화 덕분에 다른 아이들보다 성숙해지면서 나만의 특별한 색깔을 만들어간 것 같다. 또래들에 비해 생각의 폭이 넓어지고 깊이가 깊어진 것도, 창의적으로 사고할 수 있는 밑바탕과 시인을 꿈꾸는 감성이 만들어진 것도 그 책들 덕분이었다.

# 진짜 나는
# 강릉에 있었어

## '강릉의 나'가 '서울의 나'를 간절히 부르곤 했지

초등학교는 물론이고 중고등학교 시절에도 나는 방학만 기다렸다. 강릉으로 가기 위해, 진짜 나의 삶을 살기 위해서다. 고3 시절을 빼곤 방학이란 방학은 깡그리 고향 산천에서 보낸 것 같다. 여름방학과 겨울방학을 합하면 1년에 3개월, 그러니까 대학 입학하기 전까지 적어도 내 인생의 4분의 1은 강릉에서 보낸 셈이다.

나는 네 형제의 맏아들로 태어났다. 장남인 나만 강릉 할아버지 댁에서 태어나고 바로 아래 동생은 대구에서, 나머지 둘은 모

강릉 할아버지 댁에서
고등학교에 다니던 삼촌과
둘째 동생, 그리고 나.
자연 속에서 뛰어놀던 그때가
내 인생에서 가장 아름다웠던 것 같다.

두 서울에서 태어났다. 그래서일까, 나만 유독 강릉에 대한 열병
을 앓았다.

　방학만 되면 나는 탈출이라도 하듯 강릉으로 내달렸다. 이런 나
를 동생들은 이해하지 못하는 것 같았다. 아무도 강릉에 가고 싶어
하지 않았기 때문에 그 순간부터 동생들은 내게 아무 상관이 없는
존재가 되었다. 동생들 입장에서는 평소에는 잘 데리고 놀고 공부
도 가르쳐주며 상냥하던 형이 방학만 되면 다른 사람이 되는 셈이
니 이해하기 어려웠을 것이다. 강릉에 대한 집착은 지금 내가 생각
해도 지나칠 정도였다.

　방학이 되기 보름 전쯤부터 나는 좀이 쑤시기 시작했다. 왜 그

토록 안달이었는지는 정확히 설명할 수가 없다. 이제는 동물행동학자가 되어 이른바 귀소본능에 대해 배우고 가르치지만, 나 자신의 행동에 대해서는 과학적으로 명쾌하게 설명되지가 않는다. 도대체 무엇이 나를 끊임없이, 그토록 강렬하게 이끌었는지 모르겠다. 하지만 어쨌거나 1년의 얼마만이라도 내가 태어난 바로 그 집, 그 방, 그 자리에 누워 뒤뜰 대나무밭에 서걱대는 바람 소리를 들어야만 했다.

어렸을 때는 삼촌들이 데리러 왔고 커서는 혼자 다녔다. 지금이야 서울에서 강릉까지 그다지 먼 길이 아니지만, 당시만 해도 교통편이 별로 없었고 기차를 타도 열 시간이 넘게 걸렸다. 기찻길 자체가 강릉까지 직선으로 뻗어 있는 게 아니라 아래 지방으로 돌아서 도계, 삼척을 거쳐 올라가게 되어 있다. 옛날에는 연착도 흔해서 어떤 때는 열일곱 시간이나 걸린 적도 있었다. 그 먼 거리를 초등학생이 혼자 간다는 것은 있을 수 없는 일이었다.

그런데 초등학교 3학년 여름방학 때 사건이 생겼다. 사건이라기엔 좀 그렇지만 내겐 보통 사건이 아니었다. 방학이 되기 며칠 전부터 짐을 싸고 있는 내게 어머니께서 이번에는 강릉에 갈 수 없다고 말씀하셨다. 청천벽력 같은 일이었다. 어른들이 모두 사정이 있어서 나를 데려다 줄 수 없다는 것이다.

하지만 나는 가야만 했다. 아버지 앞에서 말을 꺼낸다는 게 겁이 나긴 했지만 용기를 냈다.

"아버지……, 강릉에 보내주세요."

"이번엔 갈 수 없다고 하지 않았느냐?"

아버지께선 더 생각할 필요도 없다는 듯 한마디로 답하시곤 끝이었다.

그래도 나는 물러설 수 없었다. 생각다 못해 단식투쟁을 시작했다. 내가 할 수 있는 방법은 그것뿐이었다. 아버지는 너무도 어렵고 무서웠기에 말로 내 주장을 내세울 수가 없었다.

처음 며칠 동안은 무시하던 아버지께서 "도대체 이게 무슨 짓이냐?"라며 호통을 치셨다. 평소 같으면 아버지께서 큰기침만 하셔도 자세를 바로 하던 나였지만 그때는 상황이 달랐다. 당시로선 나의 삶이 걸린 문제였다. 방학에 강릉에 갈 수 없는 건 내게 일어나서는 안 되는 일이었다.

"전 꼭 강릉에 가야 합니다."

무엇 때문에 그렇게까지 했는지 잘 이해가 안 되기도 한다. 그러나 찬찬히 들여다보면 두 개로 분리된 나의 정체성이 확실히 강릉에서도 자라고 있었고, 나는 그 반쪽의 정체성을 확인하고 싶었던 것 같다.

아버지께서는 내가 아주 어렸을 때는 전방 근무를 많이 하셨지만, 내가 초등학교 다니던 시절에는 육군 본부에서 근무하셔서 비교적 집에 자주 계셨다. 내가 일주일 가까이 농성을 하던 그때도 아버지랑 함께 살 때였다.

내게도 독한 구석이 있었던 모양이다. 어린 나이에 다른 것도 아니고 단식을 한다는 것이 어디 쉬운 일인가. 그렇지만 나는 애초부터 강릉에서 살고 싶어했다. 서울로 끌려와 억지로 살고 있는 나는 가짜였다. 그런 내게 유일한 돌파구가 있다면 방학 때 강릉에 가는 것이었다. 그런데 그걸 막으니 나로서는 사생결단이 필요했으리라.

단식을 하는 한편으로 나는 어머니를 계속 졸랐다. 결국 아버지께서 혼자서라도 가라고 승낙을 하셨다. 훗날 결혼을 하고 아버지가 되고 보니 초등학교 3학년짜리를 혼자, 그것도 기차로 열 몇 시간 걸리는 곳으로 보낸다는 것이 쉬운 일은 아니었겠다는 생각이 들었다.

"그렇게 원하니 혼자서라도 가도록 해라. 단, 꼭 지켜야 할 게 있다."

나는 일주일 가까이 먹은 게 변변치 않기 때문에 기운이 하나도 없었지만, 무슨 말씀을 하실지 두 눈을 반짝이며 들었다.

"역에 내려서 할아버지네 갈 때 반드시 남대천 다리로 건너가야 한다. 알겠니?"

강릉 기차역에 내리면 할아버지 댁까지 15킬로미터 정도의 거리를 걸어서 가야 했다. 버스 같은 교통편이 없었기 때문이다. 그런데 기차역에서 남대천 다리로 가려면 또 한참을 돌아가야 했다. 그래서 삼촌들이랑 다닐 때는 바로 남대천을 건넜다. 여름방학 때 남대천은 삼촌들에게는 몰라도 어린 내게는 물이 거의 허벅지 끝까지, 어떤 곳에선 가슴께까지 찼다. 그런데 겁도 없이 삼촌들 뒤를 따라 남대천을 건너다니곤 했다.

그리고 그 이야기를 자랑삼아 했기 때문에 부모님도 알고 계셨다. 그 때문에 아버지께선 나를 더욱 혼자 보낼 수 없었던 것이다. 어린 것이 혼자 남대천을 건너가다 큰일이 생길까 봐.

나는 그러겠다고 꿀떡같이 약속했지만 실제로는 남대천을 건너갔다. 어서 강릉 집에 가고 싶기도 했고, 다리 위를 걸어가는 것보다 남대천 물살을 헤치며 건너는 것이 훨씬 재미있었기 때문이다. 하룻강아지 범 무서운 줄 모른다고, 어쩌면 어려서 더 겁이 없었는지도 모르겠다.

당시에는 전화도 없었기 때문에 할아버지, 할머니께서는 내가 온다는 사실을 알지 못하셨다. 내가 마당으로 들어서자 할머니께서는 놀라서 말씀을 잇지 못하셨다.

"어머야라. 야가 우뜨 완?"

"어떻게 오긴요, 기차 타고 왔죠."

나는 싱글싱글 웃으며 할머니를 와락 껴안았다.

## 강릉은 내가 우주를 처음 경험한 곳이야

강릉에서 지내는 것을 그렇게 좋아한 이유는 물론 '자연'이 가장 큰 비중을 차지했다. 강릉은 어린 내게 모든 순간이 〈동물의 왕국〉이었다. 당시에는 서울에서도 맹꽁이가 울었고 잠자리채에 거미줄을 묻혀 왕잠자리도 잡을 수 있었다. 그래도 강릉에 비할 바가 아니었다. 강릉에서는 밭일을 하는 것조차 자연에 푹 파묻히는 일이었다.

할아버지 댁은 경포대와 대관령 가운데쯤 있었다. 서쪽으로 방향을 잡고 15킬로미터 정도 걸어가면 대관령이었다. 삼촌 따라 대관령 깊은 곳까지 가서 망으로 '꾹저구' 같은 민물고기를 퍼서 끓여 먹기도 하고, 물장구를 치며 놀곤 했다. 여름뿐 아니라 겨울에도 자연에 안길 수 있는 일은 차고 넘쳤다. 겨울산에서 산토끼를 쫓아다니며 눈 덮인 비탈을 미끄러져 내려오는 재미는 그야말로 경험해보지 않은 사람은 절대 알 수가 없다.

그중에서 지금 생각해도 가장 가슴 두근거리는 건 삼촌들과 논병아리를 잡으러 다니던 일이다. 논병아리는 이제 우리 강산에서 거의 보기 힘든 새가 되고 말았지만 당시 강릉에는 꽤 흔했다. 논 한복판에 작은 둥지를 틀고 그 안에 네댓 개의 알을 품고 있는 어미 논병아리를 포위해 들어갈 때의, 그 짜릿한 흥분을 잊을 수가

몸은 서울에서 자라고 마음은 강릉에서 자랐어

없다. 지금 생각하면 참으로 못할 짓을 한 것이지만 그때는 그게 자연을 사랑하는 나 나름의 방식이었다.

해서는 안 될 짓을 한 게 또 있다. 이제는 어디서 발견만 해도 반가운 뉴스거리가 되지만 당시에는 흔하디흔하던 쇠똥구리가 바로 나에게 고문을 당한 불쌍한 동물이었다. 아침에 일어나자마자 우리 소를 묶어두는 소나무 밑에 가서 쇠똥구리 한 마리를 잡아 손에 쥐고는 온종일 놓아주질 않았다. 밥을 먹을 때도 손을 바꿔가며 악착같이 쥐고 있었다. 머리 한복판에 나 있는 강력한 뿔을 이용하여 내 손가락 사이를 비집고 나오려는 녀석을 나 역시 강력하게 저지하며 좀처럼 놓아주지 않았다. 그런 점에서 수컷이 암컷보다 훨씬 재미있었다.

만일 나보다 훨씬 거대한 동물이 날 손에 쥐고 그렇게 온종일 즐긴다고 상상해보면? 정말 끔찍한 일이다. 내 손아귀에 붙들려 있던 그 모든 쇠똥구리에게 정말 미안한 마음이 든다. 이제라도 진심으로 사과하고 싶다.

내가 어렸을 땐 대관령을 넘어가기가 엄청나게 힘들었다. 지금은 길이 잘 닦여 몇 시간 만에 수월하게 오가지만 말이다. 당시 버스가 아니라 기차를 탔던 이유도 버스로 대관령을 넘어가려면 너무 힘들었기 때문이다.

대관령은 그저 하나의 고개가 아니라 어떤 경계였다. 어느 해

겨울에는 어머니랑 같이 버스를 타고 강릉에 간 적이 있는데 버스 앞 유리창이 깨져 있었다. 서울에서 출발할 때만 해도 깨진 유리창에 신경을 쓸 이유가 없었는데 대관령을 타기 시작하면서 찬바람이 마구 들어와 이가 딱딱 부딪혔다. 단순히 기온 차의 문제가 아니라 내가 일상을 보내던 서울과 그곳은 모든 것이 완전히 달랐다.

중국 동진의 도연명이 지은 《도화원기》에 보면 사람 하나가 겨우 지나갈 정도의 동굴을 빠져나가자 갑자기 탁 트인 공간이 나타나면서 이상향이 펼쳐진다. 노벨문학상을 수상한 일본 작가 가와바타 야스나리의 소설 《설국》도 "국경의 긴 터널을 빠져나오자 설국이었다"라고 시작한다. 어릴 때 기차를 타고 강릉에 갈 때 묵호(지금의 동해) 근방에서 긴 터널을 지나면 탁 트인 바다와 함께 내고향이 열렸다.

그렇게 대관령 너머 저쪽은 세상과 완전히 단절된 곳이었고, 강릉에 가 앉아 있으면 세상을 등진 느낌이 들었다. 그 느낌을 나는 좋아했다.

'아, 드디어 나를 세상으로부터 고립시켰다. 좋다!'

아마 이런 느낌이었을 것이다.

그곳에 가 있으면 세상과 단절된 기분, 우주 속에 우리가 앉아 있는 딱 그만큼의 공간만 있는 느낌이 들었다. 모든 존재가 사라지고 거기 자연과 나, 이렇게 두 개의 존재만 있는 느낌……. 내가 살아 있는 동안 가장 편안해지고 오래도록 머물고 싶은 순간이다.

　나는 이런 느낌을 강릉에서 체험했다. 강릉은 내게 우주를 처음으로 경험하게 한 곳이다. 어릴 적 나에게 대관령을 넘는다는 것은 불교에서 말하는 '피안의 세계'로 가는 것과 같았다. 거기에는 또 다른 세계가 존재했다.

# 큰일 났어,
# 성적이 바닥을 쳤어

## 명문 중학교에 진학해서도 놀기에 바빴지

초등학교 6학년 가을의 어느 날이었다.

"재천아, 엄마랑 같이 갈 데가 있다."

행선지도 모르는 채 어머니를 따라나섰다. 왜 그랬는지 몰라도 어디 가느냐고 묻지도 않았다. 어머니 표정이 진지하면서도 근심이 가득했기 때문일까.

어머니께서 나를 데리고 간 곳은 경복중학교였다. 어머니는 나에게 학교 여기저기를 둘러보게 하셨다. 교정이 참 아름다웠다. 그

몸은 서울에서 자라고 마음은 강릉에서 자랐어

런데 왜 이곳에 데리고 오셨는지는 여전히 알 수가 없었다.

"재천아. 너, 이 학교 다니면 안 되겠니?"

나는 어머니 말씀에 깜짝 놀랐다. 당시 교동초등학교에서는 한 반에서 열 명 정도가 경기중학교에 진학했다. 나는 대충 2등 정도를 하고 있었으므로 학교에서도, 나 자신도 경기중학교에 시험을 볼 것으로 생각하고 있었다. 아니 당연히 부모님도 그러기를 바라신다고 짐작했다. 더구나 어려운 살림에 과외까지 시키셨던 어머니가 아닌가.

"아니, 왜요? 나보다 못하는 애들도 다들 경기 간다고 하는데요. 내가 왜……?"

"네 성적으론 경기에 충분히 가겠지만. 그래도 만약이란 게 있잖니. 만약 떨어지면 엄마가 도저히 감당을 못할 것 같다. 아버지도 야단이실 테고……. 엄마가 걱정이 되어서 그러니 조금 안전하게 가자, 응?"

어머니 말씀을 들으면서 솔직히 기분이 좋지 않았다. 내 실력으로 충분히 경기를 갈 수 있다고 생각했고, 함께 과외받던 애들 중에 나보다 실력이 떨어지는 아이들도 경기로 진학하기로 했기 때문이었다.

하지만 조금 더 생각하니 어머니 마음이 이해가 되었다. 나 역시 만약 떨어질 경우를 생각하니 아찔했다. 그런데 사실 그곳 교정이 무척 아름다웠던 것도 내 마음을 움직인 이유에 포함된다. 나무가 무척 많았는데, 자연이라면 죽고 못 사는 나인지라 입이 헤벌쭉해지지 않을 수가 없었다.

결국 나는 경기가 아니라 경복중학교에 응시했고 합격했다.

막상 경복중학교에 진학하고 보니 경기에 가지 못한 것에 대한 아쉬움이나 후회 같은 건 전혀 없었다. 여전히 나는 마음속으로 촌놈이었고, 변두리 학교 출신이고, 서울에 잠시 다니러 온 사람이었다. 게다가 경복 역시 명문 중의 명문이었기 때문에 이곳 학생이 된 것이 자랑스럽고 행복했다.

그런데 문제는 중학생이 되어서도 공부보다는 놀기를 더 잘하고 더 좋아했다는 것이다. 공부를 해야 한다는 생각이 들지 않았고 그저 무엇을 하면 재미있을까, 그 궁리를 하느라 온 신경을 다 빼앗겼다.

우리 가족이 살던 군인아파트는 참 재미있는 곳이었다. 대령 집은 대개 1동에 있고 중령 집은 2동, 소령 집은 3동 이런 순서였다. 군인들의 계급이라는 게 거의 나이순이니까 대령 동인 1동과 중령 동인 2동에 내 또래들이 많았다. 나는 또래들을 불러 모아 야구팀을 만들어 놀기도 했고, 앞에서 말한 구슬치기왕으로서 명성을 날리며 지냈다.

당연히 성적은 미끄럼을 타기 시작했다. 입학 당시 내 성적이 꽤 좋았기 때문에 담임선생님은 나를 똑똑한 놈으로 보고 기대를 하셨던 모양이다. 그런데 시간이 갈수록 영 시원찮으니 몇 번 불러서 공부 좀 하라고 말씀을 하셨다. 그러나 나는 공부할 생각이 전혀 없었고 학교생활에도 매력을 느끼지 못했다.

보다 근본적인 문제는 공부를 어떻게 해야 하는 것인지 모른다는 데 있었다. 초등학교 때와는 다른 공부였는데 아무도 조언을 해주지 않았다. 어머니께서는 좋은 중학교에 진학했다는 데에 한시름 놓으셨던 것 같다. 이제 자연스레 공부를 하게 되리라 생각하지 않으셨을까.

야구하고 구슬치기하고 방학이면 강릉에서 신 나게 노는 동안 시간은 흘렀고 성적은 계속 하강곡선을 그렸다. 오죽하면 중학교 2학년 후반기에 들어서야 《삼위일체》라는 게 있다는 걸 알았겠는가. 어느 날 보니 반 친구가 '삼위일체'라고 쓰인 책을 열심히 들여다보고 있었다. 궁금해서 그게 뭐냐고 물어보았더니 그 친구는 어이없다는 표정으로 "삼위일체를 몰라?"라고 되물었다. 그 표정이 마치 '네 이름은 아니?' 하는 식으로, 너무나 당연한 걸 묻는다고 말하는 듯해서 도리어 내가 놀랐다. 지금으로 치면 《성문영어》에 해당하는 유명한 영어 참고서였던 것이다.

하지만 그런 일들조차 내겐 그다지 자극이 되지 않았다. 그때쯤엔 노는 것 못지않은 관심사가 생겼기 때문에 공부는 여전히 내 영역 밖에 있었다. 새로운 관심거리는 바로 '한국단편문학전집'이었다. 어머니께서 지인에게 월부로 구입하신 또 하나의 전집인데 금세 나의 마음을 빼앗았다.

## 공부는 제쳐두고 문학에 빠져들었어

한국 단편문학을 접한 나는 놀라움을 금치 못했다. 내가 전혀 모르던 세상이 그 책들 속에 그려져 있었다. 초등학교 때 책장이 닳도록 읽었으며 중학생이 된 후에도 가끔 들춰보던 세계명작동화는 이제 완전히 유치한 이야기들이 되어버렸다. 그동안 울고 웃으며 온갖 상상의 나래를 펼쳐가며 읽었던 동화들을 거들떠보지도 않게 되었다.

단편문학전집은 사실 그 나이의 내겐 조금은 이해하기 벅찬 내용이 더 많았다. 세계명작동화와 마찬가지로 푹 빠져 몇 번이고 읽고 또 읽었는데, 제대로 이해하고 읽었는지는 잘 모르겠다. 내가 그 전집에 그렇게 빠진 이유 중의 하나는 성적인 내용이 꽤 있었기 때문인 것 같다. 막 사춘기가 시작된 소년에게 김동인 선생님의 〈감자〉〈배따라기〉 등 성적 묘사가 은근한 작품들은 무척 흥미를 끌었다.

중학교 시절 흠뻑 빠져들었던
한국 단편문학.
〈감자〉〈배따라기〉
〈메아리〉 같은 작품들은
한창 사춘기인 나를
설레게 만들었다.

　당시 읽은 단편 중 지금까지 내가 생각하는 가장 에로틱한 작품
이 있는데 바로 오영수 선생님의 〈메아리〉다. 그 어떤 소설보다 아
름다운 에로티시즘으로 내 가슴에 아로새겨진 작품이다. 그런데
그 단편의 정확한 제목을 다시 알게 된 것은 미국에서 돌아온 후
여러 해가 지나서였다.

　중학교 시절에 읽고서 한동안 다른 세상에서 살다 보니 저자와
작품명도 잊어버렸는데 그 내용과 분위기만은 미국에서 공부하는
동안에도 늘 기억에 남아 있었다. 그래서 언제고 다시 읽어보고 싶
다는 생각을 해왔다. 나는 그것이 김유정 선생님의 작품일 것이라
고 추측해서 귀국 후 그분의 단편들을 다 찾아보았지만 그 작품은
없었다. 그러던 중에 중문학을 하시는 정재서 교수님과 이야기를
나누다 그 말을 했더니 "오영수 작품 같은데?"라고 하셨다.

그날 당장 도서관으로 달려가 오영수 선생님의 작품을 다 뒤져서 겨우 찾아냈다. 그렇게까지 〈메아리〉를 찾은 이유는 내가 한국 단편소설을 통해 좀 일찍 성적인 묘사를 접해서인지 우리나라는 물론이고 다른 나라의 어떤 소설을 읽어도 그 작품에서 느낀 것만큼 특별하고 은밀한 느낌을 가질 수가 없었기 때문이다. 유학 시절 전문서적이나 논문만 읽다 아주 가끔 소설을 읽을 기회가 있었는데 그때마다 아쉬움을 느끼곤 했다. 그즈음 유명한 소설보다 오히려 작가 이름도 제목도 기억나지 않는, 중학교 때 읽었던 그 작품이 떠올랐다.

사실 〈메아리〉에는 노골적인 성적 장면이 나오는 것도 아니다. 그런데도 훨씬 더 노골적으로 묘사한 작품보다 더 깊은 인상을 준 이유를 나름대로 생각해보면, 그 배경이 날것의 자연이었기 때문인 것 같다.

6·25 전쟁이 끝난 뒤 살아남기 위해 산으로 들어간 사람들이 있는데, 주인공 부부도 그랬다. 부부는 더욱더 깊은 산 속으로 들어가 아무것도 없는 상황에서 새로운 삶을 일궈나간다. 소설 속에 펼쳐지는 그들 삶의 무대가 바로 자연 그 자체다. 원초적인 자연과 조화를 이뤄나가는 과정이 내게 깊은 인상을 남긴 것이다.

어떻게 보면 우리나라처럼 땅덩이도 작고 복잡한 나라에서 그런 원시 상황을 상상한다는 것이 쉬운 일은 아니지만, 나는 그것을

몸은 서울에서 자라고 마음은 강릉에서 자랐어

충분히 느낄 수 있었다. 미국에서 열대를 돌아다니며 원시 생태계를 체험할 때도 제목조차 제대로 기억하지 못하는 이 단편소설이 매번 떠오르곤 했다.

그 어떤 작품보다 이 세상에서 가장 에로틱한 장면으로 기억되는 〈메아리〉 중의 한 부분을 다시 읽어본다.

그러면서 그의 아내는 아직 삿갓이 피지 않은 탐스러운 송이에다 코를 대고 냄새를 맡아 보면서 킥킥하고 웃는다. 동욱이 건너다보고

"뭐?"

"이거!"

하고 송이를 보이면서 더욱 킥킥댄다. 동욱도 따라 웃으면서

"못되게스리!"

그러나 그의 아내 눈이 자꾸만 부드러워진다. 나무 사이로 스며드는 따끈한 볕살, 푹신한 마른 풀밭은 음침한 움막보다는 한결 좋았다.

산은 너그럽고 허물이 없어 좋다.

이런 일도 있다.

여름 동안은 매일같이 뒷개울로 땀을 씻으러 가기 마련이었

다. 움막에서 훨훨 벗고는 앞만 가리고 그대로 올라간다. 언젠가는 동욱이 그의 아내의 등을 밀어주다가

"요즈막 살졌다!"

그러면서 궁둥이를 한번 찰싹 때렸다. 그의 아내는 킥! 하고 돌아앉으면서 동욱의 배 밑으로 마구 물을 끼얹었다. 그러나 동욱은 보란 듯이 그대로 버티고 섰다. 연거푸 물을 끼얹던 그의 아내는

"어머나 무서라!"

그리고는 도로 돌아앉아 버렸다. 동욱은

"임자한테 인사를 드리는 거야!"

"에구, 인사도 무슨……. 얌치머리도 없이……."

이날 동욱은 기어코 알몸인 그의 아내를 알몸에 업고 내려오면서

"당신이 나를 업으면 어떻게 되지?"

"망측해라!"


대단한 성희도 아니고 남편이 그냥 자기 아내의 엉덩이를 치고 아내는 부끄러워하고 그 정도인데 그 장면이 나에게는 이 세상에서 최고로 에로틱한 소설로 기억되는 이유, 그것은 자연이었다.

이 단편소설들은 중학교 1학년 겨울방학 때부터 읽기 시작하여

몸은 서울에서 자라고 마음은 강릉에서 자랐어

3학년이 될 때까지 내내 나를 사로잡았다. 그러면서 나도 모르는 새에 그때까진 몰랐던 다른 세계로 들어섰고 문학적인 감수성도 키우게 되었다.

이렇듯 놀기 좋아하고 남은 시간은 소설책에 파묻혀 사는 동안 학교 성적은 바닥에서 헤어나지 못했다. 결국 중학교 2학년 말에 어머니께서 학교에 불려 오시게 되었다. 담임선생님 앞에서 나와 함께 싫은 소리를 듣고 집으로 오는 동안 어머니는 아무 말씀도 하지 않으셨다. 그 침묵이 바위처럼 무거웠다.

버스에서 내리신 어머니는 집으로 곧장 가지 않고 제과점으로 들어가셨다. 주문한 빵이 나왔지만 나는 빵을 집어들지 못했다.

"먹어라."

어머니 말씀에 겨우 포크로 빵을 찍어 먹기 시작했다.

"6학년 때 내가 널 데리고 학교에 왔던 것 기억하니?"

"네……."

나는 어머니가 무슨 말씀을 하시려는지 눈치챘기 때문에 모기만 한 목소리로 대답했다.

"엄마는 이런 문제로 선생님한테 불려 올 줄은 정말 상상도 못했다."

그 말씀을 듣게 되니 우적우적 씹던 빵이 목에서 넘어가질 않았다. 그간의 일들이 머릿속에서 영화 필름처럼 스쳐 갔다.

'이제 공부를 해야 한다. 자식들 잘되는 것만 바라고 사시는 어머니를 이 이상 실망시키는 것은 죄를 짓는 것이다.'

자연의 삶을 갈망하고, 문학 속의 삶을 갈망하던 나를 길들이는 게 쉽지 않다는 것을 나 자신도 어느 정도는 알고 있었다. 그러나 더는 피할 수 없는 일이었다.

몸은 서울에서 자라고 마음은 강릉에서 자랐어

과학자가 된 이후에 나를 만난 사람들은
내가 죽으라 공부만 해온 범생이 과에다
방황이라곤 해본 적이 없는
재미없는 사람으로 생각합니다.
그러나 그렇지 않아요.
방황 많이 했습니다.
그 이유는 품은 꿈이 많았기 때문이에요.

# PART 2

꿈이
많다 보니
방황도
많을 수밖에

# 나는 시인이 될
# 운명이야

## 꼬마 시인의 습작 노트

중학생 때 나는 시인이 되겠다고 마음먹었다. 아니, 시인이 되는
게 나의 운명이라고 믿었다. 처음 시인이 되겠다고 생각한 것은 훨
씬 더 어렸을 때인 초등학교 3학년 때였다.

　당시 서울에서 대학을 다니던 삼촌이 노트를 하나 만들어주었
다. 백지가 귀하던 시절이었는데 아버지가 공부하라고 준 백지로
삼촌이 노트를 만든 것이다. 두꺼운 흑표지 두 장 사이에 백지를
끼우고 까만 끈으로 묶어 만든 노트, 그걸 받고 얼마나 좋아했는

　　　　　　　　　　　　꿈이 많다 보니 방황도 많을 수밖에

지 모른다. 그때부터 보물 1호로 삼고 늘 옆구리에 끼고 다녔다. 앞에서 말했듯이 윤승진이라는 친구랑 노들길 어디쯤 있던 목장에서 그 친구는 노래를 부르고 나는 시를 쓴답시고 끼적거릴 때도 그 노트가 있었다. 그러면서 '나는 시인이 될 거야'라고 생각했다. 아마도 그 무렵부터 읽기 시작한 세계동화전집에서 영향을 받았을 것이다.

윤승진은 초등학교 3학년 때 청주에서 우신초등학교로 전학을 왔다. 당시 반장이던 나와 짝이 되었는데, 남자아이지만 나는 첫눈에 그 친구에게 반했다. 집도 같은 방향이라 하굣길을 함께하면서 어느새 단짝이 된 우리는 노들길 근처 목장에서 많은 시간을 함께 보냈다. 그때 늘 노래를 부르던 승진이가 연말에 노래자랑에서 1등을 했다. 어린이 신문 1면에 커다랗게 인터뷰 기사가 나고 대중매체에서도 그 친구 노래가 나왔다. 그런 모습을 보며 나도 시인으로 성공해야지 하는 생각을 굳혀갔다.

초등학교 3학년짜리가 옆구리에 공책을 끼고 다니면서 시인이 되겠다고 생각하는 것이 흔한 일은 아닐 것이다. 사실 그 시절에는 그저 막연한 생각이었고, 시인이 되겠다고 진지하게 결심한 것은 중학교 때였다.

중학생이 되고서도 공부는 물론 학교생활에 재미를 못 붙이고 놀기에 급급했던 내가 그나마 교지에는 관심을 가진 것도 거기에 학생들이 쓴 시가 실렸기 때문이다.

"어떻게 하면 여기에 시가 실리는 거야?"

내 질문에 친구 중 한 명이 대답했다.

"교지는 문예반에서 만드는데, 네가 시를 써내서 뽑히면 돼."

그래서 〈밤하늘 형제별〉이라는 시를 써서 냈고, 문예반 선생님이 뽑아주셔서 가을 교지에 실렸다. 그런데 솔직히 말해 다른 시들과는 수준이 달랐다. 다른 친구들이나 선배들의 시는 어른스러웠는데 내 시만 초등학생이 쓴 동시 같았다. 지금 생각해보면 티 없이 맑은 1학년짜리의 시라고 뽑아주신 것 같다. 하지만 당시는 그런 것쯤 아무래도 좋았다. 그저 내 시가 교지에 실렸다는 사실에 기분이 좋았고, 시인이 되겠다는 초등학교 때부터의 꿈을 다시금 확실하게 품게 되었다.

시인이 되는 게 나의 운명이라 믿게 된 더 확실한 계기는 중학교 2학년 때 우연히 찾아왔다.


## 친구 따라 강남 가듯 따라 나선 백일장

운동장에서 축구를 하며 놀고 있을 때였다. 애들이 줄을 서서 국어 선생님 뒤를 따라 교문 쪽으로 가는 것이 보였다. 무슨 일일까 궁금해서 얼른 달려가 물었다. 맨 뒤에 따라가던 아이가 백일장에 나가는 중이라고 대답했다.

'왜 쟤들만 가지? 나는 가면 안 되나?'

이런 생각을 친구에게 말했더니 국어선생님께 여쭤보라고 했다. 국어선생님께 가서 "저도 가면 안 돼요?"라고 했더니 선생님은 잠시 쳐다보시다가 그러라고 하셨다. 나는 부리나케 가방을 챙겨서 일행을 따라갔다. 백일장이 열리는 곳은 경복궁이었는데 입장료를 챙겨가지 않았기 때문에 선생님이 대신 내주셨다.

선생님께서는 아이들을 모아놓고 원고지를 여러 장씩 나눠주셨다. 그리고 두루마리 족자를 풀었는데, 거기에는 '고궁' '낙엽'이라는 두 개의 시제가 있었다.

"앞으로 세 시간이다."

한동안은 아무 생각도 나지 않아 가만히 있다가 시간이 꽤 흐른 뒤에야 시를 써 내려갔다.

그런데 전혀 예상하지 못한 일이 일어났다. 내가 그 대회 장원으로 뽑힌 것이다. 마침 그해 백일장 행사가 예년보다 큰 규모로 치러졌기 때문에 장원을 한 나도 전교의 주목을 받게 되었다. 다른 해 같으면 국어선생님이 심사해서 당선작을 발표하고 교실에서 상장을 주고 교지에 싣는 게 다였을 것이다. 그런데 그해에는 학교 선배님인 시인 장만영 선생님이 오셔서 심사를 하셨다. 그리고 조

백일장에서 받은 메달을
목에 걸고 당시 살고 있던
군인아파트 앞에서
기념사진을 찍기도 했다.

회시간에 교장선생님이 직접 시상을 하셨다. 전교생 앞에서 상장
을 주시고 메달까지 걸어주셨다. 그리고 예년과는 달리 부상도 있
었다. 내가 받은 부상은 옥편이었다.

그리하여 졸지에 나는 교내 유명인사가 되었다. 게다가 나중에
교지에 백일장 수상작들이 실렸을 때 장만영 선생님의 심사평도
함께 실렸는데 "중고등학교 통틀어서 최재천 학생이 쓴 〈낙엽〉이
가장 탁월하다. 하나의 이미지를 잡아 집요하게 따라간 기법이 좋
다"라는 취지의 기가 막히게 좋은 평이었다.

지금 생각해보면 내게 특별히 재능이 있었다기보다 운이 좋았
던 셈이다. 멋모르고 참가한 백일장이 큰 행사로 치러졌고, 외부에

꿈이 많다 보니 방황도 많을 수밖에

서 심사위원까지 초빙된 것이다. 그런데 그분이 내 작품을 칭찬해 주시는 바람에 복도에서 마주치는 선생님들마다 나를 불러 세워놓고 백일장 얘기를 하셨다. 특히 국어선생님은 수업시간에도 나를 "어이, 시인!"이라고 부르셨다. 처음에는 쑥스러울 뿐이었는데 계속 그런 말을 듣다 보니 정말 내가 시인이 될 운명이라고 믿게 되었다.

내가 봐도 1학년 때 교지에 실린 〈밤하늘 형제별〉과 〈낙엽〉을 비교하면 하늘과 땅 차이였다. 동시 수준에서 은유적이고 성숙한 느낌의 시로 탈바꿈한 것이다. 나의 그러한 정신적 변화는 바로 단편소설전집에서 영향을 받았다고 생각한다. 중학교 시절 온통 마음을 빼앗았던 스무 권짜리 단편소설전집이 나의 정신세계를 바꿔놓고 있었던 것이다.

수업시간에 국어선생님이 "어이, 우리 시인. 여기에 대해 어떻게 생각해?"라고 묻는 일이 종종 생겼다. 그럴 때마다 나는 나름대로 진지하게 얘기를 했는데 그 근거는 다 단편소설전집이었다. 교과서에 나오는 소설들은 이미 전집을 통해 다 읽은 것들이었기 때문에 선생님에게 당돌한 질문도 던지곤 했다. 가끔 내가 읽은 것 중에 선생님은 읽지 않은 작품명이 나오면 작가와 작품에 대해 잘난 체하며 늘어놓곤 했던 기억도 난다.

내가 특히 좋아했던 작가는 김유정과 이상이었다. 김유정을 좋아한다는 말은 편하게 할 수 있었지만 이상을 좋아한다고는 쉽게 말하지 못했다. 이상을 좋아한다고 말하는 사람은 아는 척하는 데다 정신상태가 조금 이상한 녀석으로 취급받았기 때문이다. 하지만 나는 이상의 〈날개〉를 읽으면서 나 자신을 투영시켜 내가 창녀와 사는 상상을 해보기도 하고, 이상이 쪽방에 앉아서 햇빛의 움직임에 따라 그림자가 지나가는 것을 지켜본 것처럼 나도 그렇게 해보곤 했다.

만약 다른 작품들을 읽지 않고 이상의 작품부터 읽었다면 나는 그 내용을 이해하지 못했을지 모른다. 그런데 수많은 작품을 읽고 이상의 작품을 읽으니까 다른 작품들하고는 뭔가 다른 면이 있다는 것이 느껴졌다. 세상 사람들이 다 이상이 대단하다고 하니까 그런 척한다고 할까 봐 말하지 않았지만 어린 내게도 이상은 대단하고 신비로운 사람으로 여겨졌다. 그래서 이상의 작품은 전집에 없는 것까지 다 찾아 읽었다.

그러는 동안 나는 어린아이에서 어른이 되어갔다. 하지만 그토록 정신적인 성장을 가져다준 소설들을 읽으면서도 나는 소설을 쓸 생각은 하지 않았다. 소설을 읽으면서 느꼈던 감정이나 정립되어가던 가치관을 시로 표현하고 싶었다. 나는 시인이 될 사람이라고 믿었기 때문이다. 그러면서 점점 난해한 시를 쓰기 시작했다. 이제 와 고백하자면 나 자신도 무슨 말인지 잘 모르는 채 쓴 시들

꿈이 많다 보니 방황도 많을 수밖에

이 있었다. 무조건 어렵게 쓰면 멋진 시로 보였던 것이다.

고독과 사색은 시인의 특징이고 또 의무라는 생각에 빠진 적도 있었다. 혼자 교정 한구석에 앉아 있거나 새벽 일찍 등교해 교실에 덩그러니 앉아 폼을 잡곤 했다. 시인이 되기 위해선 시 쓰는 것도 훈련해야 하지만 고독과 사색의 훈련도 필요하다고 여겼으니까.

# 미술이라는 또 다른 길이
# 내 앞에 나타났어

## 내게 이런 재능이 있을 줄이야

백일장의 장원이 되자 자연스레 문예반에 영입되었다. 그런데 기존에 있던 아이들이 날 그렇게 반기지 않는 듯한 기색을 느꼈다. 아마 자신들이 차지해야 할 왕관을 외부인이, 그것도 너무 화려하게 차지했기 때문이었을 것이다. 그런 분위기를 알아차리자 문예반에 가기가 꺼려졌다. 게다가 기존의 문예반원들이 쓰는 시나 작품평, 수필 등을 보면 나보다 훨씬 어른스럽다는 생각이 들어 기가 죽었다. 나는 〈밤하늘 형제별〉과는 수준이 다른 〈낙엽〉으로 장원을

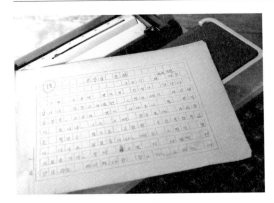

중학교 때
문예반에서 썼던 수필.
백일장에서
상을 타긴 했지만
내가 쓴 글은 어쩐지
다른 부원들 것보다
수준이 낮아 보였고
그들과 어울리기가
힘들었다.

했고, 또 심사위원 선생님도 칭찬을 해주셨지만, 내 눈에는 문예반 친구들이나 선배들이 쓰는 시보다 수준이 낮아 보였다.

고등학생이 되자 그런 현상은 더 심해졌다. 당시 경복중학교 학생들은 시험을 치르지 않고 그대로 경복고등학교에 진학했다. 그래서 부원들도 거의 그대로였다. 부원들의 시는 한마디로 말하면 이해할 수가 없었다. 나도 폼 잡느라 어렵게 쓰려고 했지만 다른 부원들에 비하면 이해하기 쉬운 편이었다. 가끔 그 부원들이 정말 스스로 이해하고 썼을까 하는 생각이 들었다. 하지만 토론에 적극적으로 참가하지 않았기 때문에 마음속 의문으로 남아 있을 뿐이었다.

어쩐지 나를 따돌리는 분위기에다 시까지 나와는 달라서 부원

과학자의 서재

들과 가까워지기가 어려웠다. 모두 어른 같고 나만 아이 같았다고나 할까. 그래도 문예반에 있는 친구 중에 두어 명과는 절친한 벗이 되었다. 내가 문예반 친구들과 잘 어울리지 못한 이유 중의 하나는 그 친구들이 너무 빨리 어른이 되어갔기 때문이기도 하다. 담배를 피우고 술을 마시는 친구들도 있었던 것 같은데 그런 친구들과 나는 섞이기가 어려웠다.

비록 공부에 매진하지는 않았지만 나는 학생 신분에 맞지 않는 행동은 하지 않았다. 그것은 집안의 대표선수이자 주장격인 장남이라는 자의식 때문인지도 모른다. 내가 중심을 잘 잡아야 동생들이 잘 따라온다는 장남의 자의식은 놀아도 적당한 선을 그어놓고 그 안에서 노는 학생으로 만들었다.

그런데 그렇게 어정쩡하게 문예반 활동을 하던 중에 갑자기 미술반에 스카우트되는 사건이 벌어졌다. 고등학교 3학년이 막 시작된 어느 날이었다.

미술 숙제로 비누로 조각하기가 있었다. 중고등학교 시절에 누구나 한 번쯤은 그런 숙제를 해봤을 것이다. 그런데 새까맣게 잊고 지내다 미술 수업 전날 밤에 자려고 누웠는데 갑자기 생각이 났다. 별수 없이 다시 일어나 거의 밤을 새워 조각을 했다. 무엇을 만들까 생각하는 데만도 오랜 시간이 걸렸다. 결국 내가 선택한 것은 불상이었다. 대단한 불교 신자도 아니면서 왜 그런 생각을 했는지 모르겠다. 아마 손안에 들어오는 크기의 비누를 보면서 머리 하나를 만들면 될 것 같다는 생각이 들었던 것 같다. 그냥 사람 머리를 만들려니 이상하고, 불상을 만들려면 볼록볼록하게 깎아야 하니까 재미있겠다 싶었을 것이다.

이튿날 미술시간, 선생님께서는 "모두 과제물을 책상 위에 올려놓아라"라고 하시고는 차례차례 지나가면서 채점을 하셨다. 그런데 나한테 와서 한참 보시더니 "들고 나와"라고 말씀하신 뒤 앞장서서 교탁 쪽으로 가셨다.

"다들 볼 수 있게 높이 들어라."

그때 미술선생님이 바로 이후 한국예술종합학교 초대 미술원장을 지내신 오경환 선생님이다. 미국에서 돌아온 뒤 그 성함을 접하고 동명이인이거니 했다가, 한 친구에게 물어보니 그분이라고 해서 많이 놀랐다.

"나의 미술 교사 역사상 처음으로 만점을 주겠다!"

내가 쭈뼛거리며 조각품을 든 채 서 있는데, 선생님께서 그렇게 말씀하셨다. 아이들이 술렁거렸고 나도 깜짝 놀랐다. 그림 그리는 것을 좋아하기는 했지만 솔직히 미술 과목에 특별히 관심을 가졌던 것도 아니고 평소에 수업을 열심히 들은 것도 아니었다. 이상한 일이 벌어진 것이다.

선생님은 수업이 끝나자 "방과 후에 교무실로 와" 하시고는 교실을 나가셨다.

말씀대로 교무실로 찾아갔더니 선생님께선 대뜸 이렇게 말씀하셨다.

"미술반에 들어와."

뜻밖의 말씀이었다.

"저……, 지금 문예반도 하고 있고요, 그동안 노느라 공부를 안 해서 지금부터라도 공부를 해야 대학에 갈 수 있을 것 같습니다. 공부 때문에 못 하겠습니다."

당시 경복고등학교는 우반과 열반을 나눠놓고 있었다. 중2 때 선생님께 불려 오신 어머니 말씀을 듣고 중3 때부터 공부를 하여 겨우 끄트머리 성적으로 우반에 진학하기는 했다. 하지만 고등학교에 들어와서 또다시 공부와 멀어지기 시작했기 때문에 부모님이 바라시는 서울대에 안심하고 들어갈 정도의 성적은 되지 못했다.

그때가 얼마나 비인륜적인 시대였는가. 시험을 보고 나면 커다란 종이에다 전교 1등부터 꼴등까지 다 프린트를 해서 나누어주던 때였다. 그러니까 앞면의 제일 위는 전교 1등이고 뒷면의 제일 아래는 전교 꼴등이었다. 인권이라는 것이 없는 시절이었다.

당시 우리는 그 종이의 부분들을 '1상한, 2상한' 등으로 불렀다. 앞면의 1등부터 50등까지가 1상한, 51등부터 100등까지가 2상한이었고 1상한에 들어야 얼추 서울대 공대를 갈 수 있었다.

나는 이과에 있으면서도 수학을 너무 못해서 점수가 빵점에서 15점, 조금 잘 보면 30점, 이 정도였다. 1상한에 드는 아이들은 다 수학을 잘했는데 나는 수학 때문에 1상한 그룹에 들 수가 없었다. 대충 2상한 어디쯤 속해 있었다.

하지만 어차피 나는 시 쓸 놈이라는 생각이었기에 수학 성적 같은 것에는 별로 신경 쓰지 않고 학교에 다녔다. 그런데 고3이 되자 그렇게 여유작작할 처지가 아니라는 생각이 들었다. 아버지 얼굴도 떠올랐고 이제부터라도 공부를 좀 해야겠다고 막 다짐을 하던 참이었다. 그런데 갑자기 미술반에 들어오라고 하시니 난감하기만 했다.

내 말을 들은 미술선생님께서는 내가 손들 수밖에 없는 방법을 쓰셨다.

"너, 이거 네가 만든 게 아니지?"

느닷없는 질문에 놀라 나는 큰 소리로 대답했다.

"분명히 제가 만들었는데요."

"아냐, 내가 보기에는 네 솜씨일 리가 없어. 고등학생치고 이렇게 잘 만든 것을 본 적이 없단 말이지. 네 말이 맞는다면 미술반에 들어와 입증해봐. 내가 왜 100점을 줬겠느냐? 미술반에 들어와서 입증을 한다면 모를까 그냥은 이 점수 못 준다."

어쩔 수 없었다. 단순하게도 나는, 내가 그걸 만들었다는 걸 입증하기 위해서 미술반에 들어갔다.

하루는 미술선생님께서 당시 서울대 미대 학장으로 계시던 김세중 화백을 만난 자리에서 "제가 이놈 미대 보낼 테니 받으셔야 합니다"라고 인사까지 시키셨다.

그러니까 오경환 선생님은 나를 미대에 진학시켜 미술가로 만들려고 작정을 하신 것이다. 이후에도 내게 마음을 많이 써주셨다. 이를테면 학교 미술전을 할 때 각 과목 선생님한테 나를 빼달라고 부탁까지 해놓으셨다. 덕분에 나는 수업을 빼먹고 미술실에서 작업을 할 수 있었다. 그런데 그 맛이 또 아주 달콤했다. 다들 공부하느라 교실에 틀어박혀 있는 시간에 미술실에서 조각을 하고 있으면 내가 특별한 사람이 된 듯한 기분이 들곤 했다. 고3인데 수업시간에 안 들어가도 되었으니 그럴 만도 하지 않겠는가.

선생님께서는 다른 미술부원들과는 달리 내겐 처음부터 조각만 시키셨는데, 그래도 기본적으로 데생은 해야 했기에 따로 시간을 내어 직접 가르쳐주셨다. 그림 그리는 것을 좋아하기는 했지만 전문적인 훈련을 받은 적이 없기 때문이다. 그렇게 수업도 빠져가면서까지 미술전을 준비하다 보니 미술이란 장르에 점점 매력을 느끼게 되었다. 그래서 급기야는 '나는 시인이 아니라 조각가가 되어야 하는 걸까, 신이 내게 그쪽 재능을 더 심어놓으셨나?'라고 생각하게 되었다.

꿈이 많다 보니 방황도 많을 수밖에

미술전이 열리면서 그 생각은 더욱 굳어졌다. 나는 '예술가의 얼굴'이라는 석고상 한 점과 철 용접으로 만든 '상념'이라는 제목의 작품을 출품했다. 사실 '상념'은 조각도 아니었다. 지금 생각해 보면 추상적이고 난해하게 보이면 수준 있어 보일 것 같아 그냥 만든 것 같다.

미술전에는 대학교수님들도 오셔서 관람하셨는데 미술선생님이 몇 번이나 나를 부르셔서 내 작품을 그분들께 설명하라고 하셨다. 다른 석고상도 몇 편 있었는데 다른 친구들의 석고상과 내 것은 좀 달랐다. 목이 비율도 맞지 않고 이상하게 길어서 나 자신은 처음에 맘에 안 들어했고, 내가 잘못 만들었다고 생각했다. 그런데 선생님은 좋게 보신 모양이었다. 아마 창의적이라고 생각하신 것 같다. 교수님들도 좋은 평을 해주셨다.

"잘 만들었네. 모딜리아니와 자코메티가 만난 것 같군."

모딜리아니나 자코메티를 알지도 못했지만 미술에 대한 숨겨진 내 재능을 인정받은 것 같아 기분이 매우 좋았다. 처음에는 내 작품이 마음에 들지 않았지만, 훌륭한 분들이 자꾸 좋은 평가를 해주시니까 '내게 미처 생각하지 못한 예술적 잠재력이 있는 모양이다'라는 생각이 들어 우쭐해졌다.

## 아버지를 이길 만큼 힘 있는 꿈은 아니었어

그러던 어느 날 용기를 내서 아버지께 여쭈었다.

"아버지, 저 미대에 진학해 조각가가 되면 어떨까요? 선생님은 재능이 있다고 하시는데요……."

내 딴엔 거듭 생각한 다음에 내놓은 말이었지만 아버지에겐 일고의 가치도 없는 이야기였다.

"미술대학에 가겠다고? 그게 장부로 태어나 한평생 할 만한 일이더냐?"

"네에……. 저희 미술선생님도 남자시고, 또 유명한 미술가 중에는 남자도 많은데……."

"시끄럽다! 넌 우리 집안 장남이다. 장남으로 태어나 해야 할 일이 있고, 하지 않아야 할 일이 있다."

장부와 장남. 이 두 가지 개념을 나는 이길 수 없다. 이것은 내게 절대명제였다. 미술가의 꿈은 장부와 장남이라는 절대명제 앞에서 존재감을 상실한 채 안개처럼 사라져버렸다.

그런데 비록 미대에 가지 못하고 조각가도 되지 못했지만 그때 조각을 했던 경험이 동물학자가 된 후에 큰 도움이 되기도 했다. 물론 당시에야 짐작도 할 수 없는 일이었지만.

파나마에서 민벌레를 연구할 때였다. 썩어가는 나무껍질을 벗기면 나무와 껍질 사이에 생긴 틈으로 말처럼 뛰어다니는 놈들이 민벌레다. 길이가 2밀리미터밖에 안 되는 그놈들을 정글 한복판에서 관찰할 수는 없기 때문에 채집해서 연구실로 데려와 키우면서 연구를 해야 한다. 그런데 실험실에 데려오면 녀석들이 금방 죽기 때문에 민벌레 연구는 나 이전에 성공한 사람이 없었다.

나는 민벌레들을 기를 수 있는 방법이 없을까 6개월이 넘도록 이리저리 궁리했다. 그러다가 미술을 해본 덕에 석고를 생각해냈다. 시내에 나가 석고를 사다가 우리가 연구할 때 사용하는 플라스틱 페트리접시에 부어 굳힌 다음 그 위에다 민벌레들을 놓아 길러보았다. 민벌레들이 살기 위해서는 물이 필요한데 그 녀석들이 워낙 작아 수분을 공급하는 문제가 쉽지가 않았던 것이다. 그런데 석고에 물을 부으면 서서히 스며들기 때문에 민벌레들이 익사하지 않고도 물을 섭취할 수 있을 만큼 전체적으로 축축함을 유지해서 딱이었다.

하지만 녀석들은 금세 죽어버렸다. 수분도 유지했겠다, 이론적으로는 자랄 수 있는 환경인데도 왜 그러는지 알 수 없었다. 또다시 며칠을 궁리하던 중 한 가지 생각이 떠올랐다. 채집할 때 나무껍질을 벗겨보면 녀석들이 나무를 갉아 먹어서 마치 미로처럼 길이 생겨 있었다는 사실이다. 그래서 이번에는 석고 위에 조각칼로 길을 만들기 시작했다. 민벌레들이 살 수 있을 정도로 아주 가늘게 파면서 모양도 미로처럼 만들었다. 같은 연구실에 있던 미국 친구들은 툭하면 조각칼로 길을 만들고 있는 날 보고 "어이구, 조각가 나셨네"라고 농담을 던지며 웃었다. 내가 "정말 한때는 조각가가 되려고 했었어"라고 대답하자 그 친구들은 정말이냐며 신기해했다.

그렇게 석고에 길을 만든 후 민벌레들을 놓고 유리로 덮어 키웠더니, 그 녀석들은 내가 파놓은 길을 왔다갔다하면서 잘 자라주었다. 길을 만들기 전에는 민벌레들이 예측불허 상태로 뛰어다니니까 현미경으로 따라가지를 못했는데, 이제 길만 따라다니면서 관찰할 수 있다는 점도 좋았다. 그 덕에 나는 마침내 세계에서 최초로 민벌레 연구에 성공했다.

# 문학이라는 꿈을 꾸다가
# 또 다른 꿈을 예감했어

## 생각의 무대가 세계로 넓어졌어

시인이 되고 싶었으면서도 이상하게 나는 시보다 소설을 더 많이
읽었다. 고등학교에 갓 입학해서는 어머니께 노벨상 수상 작가들
의 문학전집을 사달라고 졸랐다. 집안 사정을 잘 알면서도 어머니
를 조를 만큼 그 전집이 무척 갖고 싶었다. 문학 부문에서 세계 최
고의 권위를 자랑하는 노벨문학상은 도대체 어떤 작품들이 타는
것인지 궁금했다. 시인을 꿈꾸는 소년으로서 너무나도 당연한 궁
금증 아니겠는가.

과학자의 서재

어머니는 내 청을 들어주셨다. '노오벨상문학전집'이라고 책등에 인쇄되어 있는 책들이 내 책장에 나란히 꽂혀 있는 것만 봐도 가슴이 벅찼다. 그 전집에 실린 한 작품이 훗날 내가 동물행동학과 생태학을 전공하는 데 알게 모르게 영향을 미치리라고는 생각도 하지 못했다.

그런데 그렇게 원했던 수상작들이었지만 처음에는 생각보다 잘 읽히지 않았다. 지금까지 읽어온 우리 소설처럼 글이 자연스럽게 흐르지 않아 답답했다. 하지만 한국 단편문학을 거의 다 섭렵한 상황이라 세계의 작품도 독파하고 싶은 마음에 기를 쓰고 읽었다. 그러자 시간이 지날수록 우리나라 작품과는 또 다른 새로운 맛을 느낄 수 있었다. 배경이나 인물들의 성격, 사회적 상황, 문화 등이 달랐기 때문에 문학적 감수성을 키우는 것 외에 지적인 호기심도 채울 수 있었다.

다른 나라의 이야기에 다시 빠져들자 어려서 동화를 읽을 때처럼 환상적인 느낌이 되살아나기 시작했다. 외국과 비교하면 우리나라 문학작품들이 기가 막히게 감성적이라는 사실도 알게 되었다. 달리 말하면 그 작품들은 우리나라 작품에 비해 어떤 정보나 이념이 많이 담겨 있고, 역사적·공간적 배경을 세세하게 설명한다는 특징이 있었다. 그 때문에 처음에 잘 읽히지 않았던 것이다.

예를 들어 이효석의 〈메밀꽃 필 무렵〉을 보면 봉평이란 지역에 대해 시시콜콜 묘사하지 않는다. 등장인물들의 감정이 어떻게 흐르고 교류되는지를 그려나갈 뿐이다. 소금을 뿌린 듯하다는 메밀꽃에 대한 묘사도 인물의 감정을 에둘러 보여주는 장치다. 이와 달리, 노벨문학상 작품들은 대부분 지역이나 시대상, 사회적 분위기를 머릿속에 선명하게 그려질 정도로 세밀하게 제시한다. 그런 점에서 나는 박경리 선생님의 《토지》 같은 작품은 우리 문학이라기보다 서양 문학 같다는 느낌을 받았다. 시대상황이나 공간에 대해 무척 자세하게 설명하고 있기 때문이다.

노벨문학상 작품들은 내게 또 다른 세계를 열어주었다. 그전까지의 책 읽기가 감성적인 부분을 건드리고 충족시켜주었다면 노벨 전집은 그와 더불어 다른 나라의 역사를 비롯한 여러 가지 지식과 정보도 얻도록 해주었다. 그런데 솔직히 말해 재미는 별로 없었고, 내가 내용을 제대로 이해했는지도 자신이 없었다.

오랜 시간이 지나 미국 유학 시절에 그중 한두 권을 영어로 읽어보았는데 느낌이 달랐다. 내가 재미를 덜 느낀 것은 번역이 엉망이었던 탓도 있었던 것이다. 그렇게 번역 수준이 조악한 이유는 출판사 책임이 크다고 본다. 수상작이 발표되면 최대한 빨리 번역본을 출간하려고 몇 쪽씩 찢어서 여러 명에게 번역을 맡기기 때문이다. 그러니 문맥이 자연스럽지 않아 도대체 무슨 말인지 알 수 없는 부분이 많았던 것이다.

한국 문학과는
또 다른 세계를 열어주었던
노벨문학상 작품집.
해마다 수상자가 발표될 때마다
그 작품집을 꼭 사 모았다.

그런 사정을 알 리 없는 나는 최대한 글에 집중해 열심히 읽으려고 애썼다. 그나마 그 작품들을 재미있게 읽을 수 있었던 것은 세계지도 덕분이었다. 아버지는 우리 형제들이 누워서 세계를 볼 수 있도록 천장에 세계지도를 붙여주셨다. 내가 초등학교 4학년 때쯤의 일이다. 바로 아래 동생과 나는 누워서 지도를 보며 도시 찾기 놀이를 하곤 했다. 상대방이 부르는 지명을 1분 내에 찾는 것이다. 허구한 날 그 놀이를 하다 보니 어느샌가 세계지도가 내 머릿속에 새겨졌다. 그 덕을 톡톡히 본 것은 중학교에 들어가서다. 바로 지리 과목에서였는데 다른 친구들은 어려워하는 그 과목을 나는 무척 좋아했고 성적도 잘 나왔다.

그 지도 외에 세계문학을 더 쉽게 이해하도록 해준 것으로《김

꿈이 많다 보니 방황도 많을 수밖에

찬삼의 세계여행》 시리즈도 있었다. 김찬삼 씨는 30년 동안 세계일
주를 세 번이나 했다고 한다. 세계 곳곳에서 겪은 일들을 재미나게
풀어낸 그 열 권의 여행기를 한동안 정말 열심히 읽었다. 세계문학
과 여행기를 함께 읽으면서 상상의 나래를 펼쳤으니 그 날갯짓이
얼마나 대단했겠는가. 세계 여러 나라의 면면을 알게 됨은 물론 세
계 여행을 하는 상상에 빠져 행복하기 그지없는 나날을 보냈다. 그
러는 동안 나의 정신세계도 훨씬 넓은 무대로 옮겨 갔다.

## 문학이 이끌어준 나와 과학의 첫 만남

이후에도 해마다 노벨문학상 수상집이 출간되면 한 권씩 사다가
그 전집에 끼워 넣곤 했다. 그중 하나가 솔제니친의 작품이었다.
솔제니친은《수용소 군도》라는 작품에서 옛 소련의 인권탄압을 폭
로했다 하여 반역죄로 추방된 작가다. 이후 20년간이나 미국에서
망명생활을 했으며 '러시아의 양심'으로 불린다.

그는 1970년에《이반 데니소비치의 하루》《암병동》등으로 노
벨문학상을 받았다. 그의 작품을 읽는 내내 러시아의 침울한 분위
기가 느껴졌다. 그런데 정작 내 관심을 끈 것은 소설보다 책 뒷부
분에 실린 〈모닥불과 개미〉라는 수필이었다. 반 쪽짜리 그 짧은 수

'노오벨상문학전집'의 다른 책들은
어디론가 사라져버렸지만
〈모닥불과 개미〉가 들어 있는
솔제니친의 책만은
여전히 간직하고 있다.

필이 내 머릿속에 이토록 강렬한 인상을 남길 줄은 미처 몰랐다.

활활 타오르는 모닥불 속에 썩은 통나무 한 개비를 집어던졌다. 그러나 미처 그 통나무 속에 개미집이 있다는 것을 나는 몰랐다. 통나무가 우지직, 소리를 내며 타오르자 별안간 개미들이 떼를 지어 쏟아져 나오며 안간힘을 다해 도망치기 시작한다. 그들은 통나무 뒤로 달리더니 넘실거리는 불길에 휩싸여 경련을 일으키며 타죽어 갔다. 나는 황급히 통나무를 낚아채서 모닥불 밖으로 내던졌다. 다행히 많은 개미들이 생명을 건질 수 있었다. 어떤 놈은 모래 위로 달려가기도 하고 어떤 놈은 솔가지 위로 기어오르기도 했다. 그러나 이상한 일이다.

꿈이 많다 보니 방황도 많을 수밖에

개미들은 좀처럼 불길을 피해 달아나려고 하지 않는다. 가까스로 공포를 이겨낸 개미들은 다시 방향을 바꾸어 통나무 둘레를 빙글빙글 돌기 시작했다.

그 어떤 힘이 그들을 내버린 고향으로 다시 돌아오게 한 것일까?

개미들은 통나무 주위에 모여들기 시작했다. 그리곤 그 많은 개미들이 통나무를 붙잡고 바동거리며 그대로 죽어가는 것이었다.

동물학자가 된 이후에야 비로소 이해하게 되었지만, 당시에는 나도 솔제니친과 마찬가지로 개미들이 왜 그렇게 행동하는지 정말 궁금했다. 생물학자가 아니라 문학가인 솔제니친은 그 상황을 과학적으로 설명하지 못하고 철학적으로 받아들인 듯하다. 당시의 나 역시 개미의 행동을 설명할 길 없었으나 그 작품은 묘하게도 머릿속에 깊이 박혔다.

그러다가 훗날 미국 유학을 가서 꽂혀버린 학문, 사회생물학을 접했을 때 순간적으로 솔제니친의 그 수필이 생각났다. 그간 수많은 문학작품을 읽고 고독을 즐기는 속에서 점점 더 많은 삶의 수수께끼들을 껴안고 살았는데, 사회생물학이라는 학문이 그것들을 가지런히 정리해서 대답해주었다. 〈모닥불과 개미〉 속의 개미도 내가 안고 있던 수수께끼 중 하나였다. 그 개미들을 이해하게 된 순간, 나는 이 학문을 평생 공부하겠다고 결정했다.

사회생물학에서 가장 중요한 질문은 이타주의다. 왜 인간을 포함한 어떤 동물에서는 남을 돕는 행동이 진화했을까? 사실 굉장히 어려운 문제다. 자기가 손해 보고 자신을 희생하는 것이 어떻게 일반화될 수 있는지 이성적으로는 해답을 찾기 힘든 문제다. 하지만 실제로 우리 인간사회에도 있고 동물 세계에도 이러한 이타주의가 존재한다.

당시 나는 〈모닥불과 개미〉를 찾아 영어로 읽어보았다. 혹시 다른 느낌이 들까 싶었지만 그렇지 않았다. 지난날 읽었을 때와 감흥이 비슷했다. 분량이 워낙 짧아서인지 번역이 완벽했던 것 같다. 나는 사회생물학을 하면서 개미로부터 이타주의를 발견하게 되었다.

# 대학에 두 번씩이나
# 떨어지다니

## 입시는 냉정한 현실인데 난 너무 엉뚱했어

시인이 되겠다고 생각한 내가 고등학교 때 이과였다는 사실은 앞뒤가 맞지 않는 일이다. 물론 이과 공부를 했다고 시인이 되지 말라는 법은 없지만 인문대에 들어가려면 당연히 문과를 지망해야 했다. 그러나 나는 고등학교 때 이과생이었고, 그것은 내 엉뚱한 치기와 다소 이상한 학교 현실의 합작물이었다.

학교에서는 학생들을 이과와 문과로 나누기 위해 각자 희망하는 계열을 적어 내게 한 뒤 적성검사를 실시했다. 중학교 2학년 때

과학자의 서재

부터 뭉쳐 다니던 친구 예닐곱 명이 모두 이과를 간다고 해서 나는 잠시 망설였다. 일단 희망 계열은 '이과'라고 써서 냈다. 믿는 구석이 있었기 때문이다. 즉, 적성검사를 하면 어차피 문과가 나올 테니 친구들과 헤어지고 싶지 않다는 내 우정의 표시를 하고 싶었던 것이다. 어른이 된 다음 돌이켜보니 그때 내 행동이 엉뚱한 치기였다는 생각이 들기는 했다. 하지만 우정이 무엇보다 중요하고, 그걸 드러내고 싶은 시절이 있는 법이다.

그런데 내가 고등학교에 들어가던 그해에 경복고등학교는 학급 수를 조정했다. 문과가 네 반, 이과가 여덟 개 반이었는데 문과를 하나 줄이고 이과를 하나 늘렸다. 새로 오신 문영한 교장선생님의 결단이었다.

당시에 경기, 경복, 서울 이 세 학교는 참으로 치열하게 경쟁을 벌이고 있었다. 서울대 합격자 발표가 나면 조선일보와 동아일보 1면에 글씨도 커다랗게 '경기 4백2십몇 명, 경복 3백3십몇 명, 서울 3백2십몇 명!' 이런 식으로 기사가 났다. 참 말도 안 되는 일이다. 학교의 존재 이유가 오로지 서울대 합격자 수에 있다니. 지금이라고 형편이 크게 달라진 것 같지는 않아 안타깝긴 하지만, 우리 때는 지금만큼 진로가 다양하지도 않았다. 공부 잘하면 으레 서울대 가려니 했고, 그중에서도 법대, 공대, 의대를 꼽았다.

경복은 전통적으로 문과가 약했다. 그래서 교장선생님은 서울

꿈이 많다 보니 방황도 많을 수밖에

대에 더 많은 학생을 합격시키기 위해 문과를 줄인 것이다. 나는 그저 친한 친구들과 같이 공부하고 싶다는 표현을 하기 위해 그렇게 적어 냈을 뿐인데 교장선생님 방침과 딱 맞아떨어진 셈이다. 알고 보니 적성검사를 한 정확한 이유도, 문과라고 쓴 학생 중에서 적성검사 결과가 이과로 나오는 애들을 이과로 보내기 위해서였다고 한다. 그 반대는 적용할 생각이 애초에 없었던 것이다.

결과를 본 나는 당황했다. 생각과 달리 이과로 결정이 나자 그냥 있을 수가 없었다. 적성검사 결과는 당연히 문과로 나왔을 것이기 때문이다. 교장선생님을 직접 찾아갔다. 나중에 교장선생님은 나를 가리켜 "참 당돌한 녀석이었지"라고 말씀하셨는데, 당시 나로서는 이것저것 따질 때가 아니었다. 잘못 잡힌 내 진로를 바로잡아야만 했다.

"교장선생님, 저는 본래 문과입니다. 적성검사를 하면 당연히 문과가 나올 것이니, 친구들에게 의리를 지킨다는 의미로 이과라고 썼을 뿐입니다. 문과로 보내주세요."

"그게 무슨 말도 안 되는 소리냐? 네가 이과라고 써내지 않았느냐? 이미 끝난 일이다."

하지만 나는 물러서지 않고 계속 주장했다. 그랬더니 교장선생님께서는 이렇게 타협안을 내놓으셨다.

"나중에 보자. 지금은 어쩔 수 없어. 시간이 지난 후에도 정 문과에 가야겠거든 그때 다시 얘기하자."

그렇게 해서 나는 이과로 진학했다. 하지만 중학교 때와 마찬가지로 공부에 매달리지 못하고 이런저런 마음의 바람에 따라 움직이길 계속했다. 그러다가 3학년에 올라갔고 5월쯤부터 마음먹고 공부를 시작했다.

지나놓고 보니, 나는 공부를 열심히 하지는 않았지만 하려고 마음먹고 덤비면 그런대로 성적을 올릴 수 있었던 듯싶다. 아마도 공부하는 요령을 알고 있었던 게 아닐까. 그리고 그 요령을 알게 된 것도 사실 공부가 하기 싫으니까 가장 적은 시간을 들여서 가장 효율적으로 하는 방법이 무엇일까를 고민하다 얻게 된 결과물이 아닐까 싶다.

다른 친구들은 아무리 늦게 시작해도 2학년 때부터는 공부에 신경을 쓰는데 나는 고3이 되어서야 정신을 차렸다. 그래도 요령을 터득해서인지 1상한에 들어갔고, 졸업할 때까지 1상한의 중위권을 유지했다.

고3이 되어 원서를 쓰는 기간이 다가오자 아버지께서는 법대를 가라고 하셨다. 시인이 꿈이었지만, 그건 나 혼자만의 꿈이었지 대학까지 관련 학과를 갈 수 있으리라고는 사실 기대하지 않았다. 조각가가 되고 싶다는 말을 꺼냈다가 일언지하에 퇴짜를 맞았듯이 내 의견을 말해도 소용없으리라는 것을 알고 있었다. 그뿐 아니라

꿈이 많다 보니 방황도 많을 수밖에

부모님 기대에 부응해야 한다는 책임감 때문에 나는 별 저항 없이 받아들였다. 그런데 내 원서를 본 담임선생님은 그 자리에서 돌려주면서 허락할 수 없다고 하셨다.

"이과에서 법대라니, 말이 되느냐?"

"교장선생님께서 전에 '나중에 보자'고 하셨습니다. 정 문과를 가고 싶다면 그때 다시 얘기하자고요. 저는 법대 가야 합니다."

결국 교장선생님께 불려 갔다. 그런데 교장선생님도 담임선생님과 똑같은 말씀을 하셨다.

"교장선생님, 1학년 때는 나중에 보자고 하시고선 지금까지 그냥 이과에 두셨잖아요. 원서는 쓰고 싶은 과를 쓰게 해주세요."

"너 3학년 올라올 때 특A급이 되면 마음대로 가라고 그랬잖느냐? 네가 그 약속을 못 지켰잖아."

그런 말씀을 하시긴 하셨다. 그런데 특A급이란 최상위권 열 몇 명 안에 드는 것을 말하는데, 5월부터 공부를 시작한 내가 어떻게 거기 들 수 있었겠는가. 원서를 쓸 당시 내 성적은 전교 30등에서 40등 사이를 기록하고 있었다. 그 성적까지도 그야말로 겨우겨우 갔는데 특A는 무리였다.

어쨌거나 내가 막무가내로 주장하니까 교장선생님께서 마지막 제안을 하셨다.

"좋다. 내가 한 말도 있고 하니 앞으로 있을 배치고사 결과를 보고 최종 평가를 하겠다. 나로서도 다시 기회를 주는 셈이니 그 결과에는 서로 승복하자."

배치고사는 마지막 평가의 의미로 치르는 시험이다. 실제 시험과 똑같은 시스템으로 5일 동안 하루에 한 번씩 치르는, 일종의 모의고사다. 그 시험을 잘 보면 내 의견을 받아들이겠다는 뜻이었다. 아마 교장선생님께서는 시험 날짜도 바로 코앞이니 내가 특A에 해당하는 점수를 내기는 어렵다고 생각하셨을 것이다. 사실 나도 그랬다.

그런데 뜻밖에 그 시험에서 내가 기가 막히게 좋은 성적을 기록했다. 그 시험 성적만으로는 전교에서 열 손가락 안에 들었다.

"이제 법대 써도 되지 않습니까? 약속하셨잖습니까?"

그런데도 교장선생님은 이 핑계 저 핑계 대시며 "알았다. 내일 보자"라는 말씀만 며칠이나 되풀이하셨다.


## 수학이 문제였어

"원서 쓰게 해주세요. 전 저희 집안 장남입니다. 아버지께서는 장남이 해야 할 일과 하지 말아야 할 일을 구분하십니다. 저는 장남이라서 집안을 일으켜야 합니다. 그래서 법대에 가야 합니다. 법대

못 가면 장남 노릇 못 하는 거라 저 집에서 쫓겨납니다."

지금 생각해보면 굉장히 웃기는 이유다. 정의를 구현하는 훌륭한 법관이 되기 위해 법대에 진학하려는 게 아니라 장남 자리를 지키기 위해서라니. 객관성도 부족하고 이유라 하기엔 매우 어설펐지만 그때 나는 그런 말을 꾸미지도 않고 쏟아낼 만큼 절실했다. 가톨릭 전통에는 '순명'이라는 게 있다고 한다. 그것처럼 나는 장남이라는 내 운명에 맞서지 않고 '순명'하고자 했다. 그러나 나의 순명을 위한 항변이 다른 사람에게는 과연 얼마나 설득력이 있었을지 모를 일이다.

그렇게 답이 안 나오는 교장선생님과의 면담이 사흘 정도 이어지고 있었다. 그러던 어느 날 의외의 장소에서 반전이 일어났다. 아버지께서 집에 돌아오셔서는 갑자기 "너, 의대 가라" 하시는 것이었다.

아버지께서 마음을 바꾸신 것은 같은 직장에서 일하는 적성검사 전문가의 조언 때문이었다. 당시 아버지께서는 포항제철에서 인사를 담당하셨는데 적성검사 전문가에게 내 이야기를 하셨다고 한다. 내가 시인이 되고 싶어하다가 조각가도 되고 싶어했고, 성격은 어떻고, 현재 성적은 어떻다는 이야기를 들려주자 그가 이렇게 말했다고 한다.

"아드님은 한마디로 의사 되려고 태어난 사람이네요. 얘기를

당연히 붙을 줄 알았던
대학 입학시험에
떨어지고 내 생애
가장 우울한
졸업식을 맞이했다
(맨 가운데).

들어보니 딱 의사네요. 의대 보내세요."

그분이 왜 그런 말을 했는지는 알 수 없다. 하지만 덕분에 학교
와의 갈등을 마감할 수 있었으니 고마운 일이었다. 이튿날 교장선
생님께 의예과를 가겠다고 말씀드렸더니 교장선생님은 나를 덥석
안으시며 무척이나 좋아하셨다.

"잘 생각했다. 의대를 갈 수 있는 성적인데 학교로선 안타까운
일이었어. 정말 잘 생각했다."

그러나 결과적으로는 잘 생각한 것이 아니었다. 의사가 나의 적
성이었는지는 몰라도 적어도 나의 길은 아니었다. 만약 내 길이었
다면 우리 학교에서 아홉 명이 서울대 의예과를 봤는데 나만 떨어
지는 일이 일어났을까.

그때 당장은 엄청난 이변이 일어난 것 같았지만 나중에 찬찬히

　　　　　　　　　꿈이 많다 보니 방황도 많을 수밖에

분석해보니 이변이랄 것도 없었다. 내 평소 성적을 생각해보면 떨어질 만도 했다. 게다가 그 평소 성적이라는 것도 벼락치기로 공부한 3학년부터의 성적이 아닌가. 효율적으로 단시간에 성적을 올리는 방법은 알아냈지만 기초가 부족한 탓에 실전에서 패하고 만 것이다.

낙방의 주범은 정확히 말해 수학이었다. 수학은 한 문제만 틀려도 15점이 날아가기 때문에 다른 과목을 잘한다고 해서 좋은 성적을 낼 수가 없었다.

사실 학교 성적에서 1상한에 드는 학생 중 나만큼 이상한 성적을 내는 사람도 없었다. 이과 친구들은 특히나 국어를 어려워해서 공부를 아주 잘하는 친구도 50점에서 70점을 받았는데 나는 항상 90점 이상 받았다. 중학교 때부터 국어는 공부를 하지 않고도 늘 좋은 점수를 받았다. 책을 많이 읽은 것이 도움이 되었음을 나이가 든 후에야 알았다. 국어만큼은 아니지만 그다음으로 좋은 점수를 유지하는 과목이 영어였다. 그런데 수학만이 아니라 과학 점수도 형편없었다. 남들이 과학을 80점에서 90점 받을 때 나는 40점이나 50점을 받기 일쑤였다. 그러니까 국어와 영어, 두 과목 점수로 이과에서 버틴 묘한 놈이었다.

## 절망에 빠진 나를 다독여준 강릉의 봄

그렇지만 뭐니뭐니해도 실패의 가장 근본적인 원인은 고3이 되어서도 4월까지 여전히 놀기만 했던 나의 엉뚱한 배짱이라 할 수 있다. 게다가 마지막 배치고사에서 워낙 좋은 성적을 얻었기에 자신감이 충만해 있었다. 이게 문제였다. 부모님과 학교 선생님들도 나의 합격을 믿어 의심치 않으셨다.

그런데 결과는 낙방. 나도 그렇지만 부모님과 선생님들도 현실을 받아들이기가 쉽지 않으셨으리라. 낙방한 다른 친구들은 위로를 받았지만, 나는 교장선생님을 비롯하여 마주치는 선생님들 모두에게 야단을 맞아야 했다.

"시험을 어떻게 쳤기에 떨어진 거야? 이게 말이 되느냐?"

시험 당일 시험장에 응원까지 오셨던 교장선생님께서는 실망스러운 결과에 대뜸 호통부터 치셨다. 하지만 그런 말이 어디 있는가? 떨어지고 싶어서 일부러 그런 것도 아니고……. 나도 한마디 하려다 아무 말도 않고 그 자리를 떠났던 기억이 난다.

가장 큰 충격을 받은 사람은 당사자일 것이라는 생각을 왜 안해주는지 서운했다. 겉으로 드러내지는 않았지만 마음속으로 나는 엄청난 충격을 받았다. 과장해서 말하면 공황상태에 빠진 듯했다. 아무 생각도 들지 않았다.

꿈이 많다 보니 방황도 많을 수밖에

나는 그때 자신을 너무 믿고 있었다. 과신이었다. 사실 따지고 보면 그렇게까지 억울해할 일도 아니었는데 그때는 정말 현실을 받아들이기가 굉장히 힘들었다. 떨어질 것이라고는 상상조차 해보지 않았기 때문이다. 과도한 낙관이 불러온 재앙이었다.

고등학교 때까지는 입학 성적도 좋았고, 공부도 안 하면서 벼락치기만으로도 무난하게 지내왔다. 공부에 전념하지 않으면서도 고3부터는 1상한을 유지한 데다 마지막 배치고사에서는 내 생애 최고의 성적을 냈다. 그랬는데 결전의 순간, 실패의 쓴잔을 마신 것이다. 나로서는 난생처음 맛보는 처참한 패배였다.

어머니도 나만큼이나 큰 실망을 하셨다. 의외의 반응을 보인 분은 아버지였는데, 너무 어이가 없어서 그러셨다는 것을 나중에 알았다.

아버지께서는 처음에는 아예 믿지를 않으셨다. 그러고는 당신이 사용할 수 있는 모든 방법을 동원하여 내막을 알아보신 모양이다. 그 결과 내가 수학에서 0점을 맞았다는 사실을 알아내셨다고 했다. 사실 그날 나는 머리가 몹시 아팠다. 시험을 보는 교실은 책상이 계단식으로 되어 있었는데 그것 때문에 더 머리가 앞으로 몽땅 쏠리는 것 같았고 참기 힘들 만큼 고통스러웠다. 특히 수학시간에 더 아팠다.

그런데 아버지는 그런 사실을 전해 듣고 내가 좀 이상해졌다고 생각하신 모양이다. 아무 말씀도 없이 며칠 지내시다가 이렇게 말씀하셨다.

"내가 생각하기에 네 머리에 문제가 있는 것 같다. 아무래도 요양이 필요하지 않나 싶다. 강릉에 좀 가 있거라."

아버지는 믿었던 장남의 낙방을 받아들이고 싶지 않으셨기에 그 이유를 외부에서 찾으려 하신 것이다. 어쨌거나 그 말씀은 내게 그야말로 가뭄에 단비와도 같았다. 나는 더 깊은 절망과 좌절감에 빠지기 전에 강릉으로 갔다. 일종의 도피였다. 마음은 무거웠지만 행복한 도피였다.

방학마다 강릉에 갔기 때문에 내가 아는 강릉은 한여름과 한겨울의 모습뿐이었다. 이때처럼 이른 봄에 강릉에서 지내본 적은 없었다. 너무나 환상적이었다! 깊은 겨울잠에서 깨어나 새로운 생명의 색으로 태어나는 신비로운 3월과 4월의 강릉을 만끽하느라 그 두 달만큼은 다른 생각을 할 틈이 없었다. 실패나 좌절 따위의 감정은 아예 자리조차 잡지 못했다.

아버지께서 무슨 생각을 하셨는지 몰라도 꽤 오랜 시간 동안 강릉에 머물게 하셨고 나는 마치 아무 일도 없는 양 내가 좋아하는 산과 들, 강 속에서 신세계를 맛보고 있었다. 산으로 들로 돌아다니면서 싹이 나오는 모습, 새들이 둥지를 짓기 시작하는 모습 등 수많은 생명이 돋아나는 장면을 생생히 목격하는 새로운 즐거움을

꿈이 많다 보니 방황도 많을 수밖에

누렸다. 그러느라고 지금 내가 어떤 처지에 있는지를 새까맣게 잊고 지냈다. 어쩌면 '시험, 낙방, 재도전' 같은 단어를 무의식적으로 밀어내고 있었는지도 모르겠다.

그러던 어느 날 아버지로부터 편지가 왔다.

"이제 충분히 쉬었으면 서울에 올라와서 다시 공부를 해야 하지 않겠느냐?"

그 편지는 마치 마법을 푸는 주문 같았다. 나는 한순간에 환상의 세계에서 현실로 돌아왔다.

학교를 찾아갔더니 담임선생님께서 말씀하셨다.

"재천아, 학교에 오면 교장선생님께서 꼭 보고 가라시더라."

교장선생님께서 나를 보자고 한 것은 학원을 소개해주시기 위해서였다. 나는 교장선생님의 지인이 하시는 삼영학원에서 공부하기로 했다. 당시 유명한 양대 학원은 대성학원과 양영학원이었는데, 생소한 이름의 삼영학원을 택한 것은 교장선생님이 소개해주셨기 때문만은 아니었다. 학원 장학생으로 무료로 공부할 수 있었기 때문이다.

그런데 내게는 공부를 해야겠다는 의지가 사라진 지 오래였다. 학원에 다닌 지 한 달 만에 시험을 봤는데 당연히 결과가 좋지 않았다. 원장선생님께서 나를 부르시더니 "다음에도 이런 성적이면 학원비를 내야 한다"라고 하셨다. 나는 알았다고 얘기했지만 여전히 공부는 하지 않았다. 다음 달 시험에도 결과는 좋지 않았고 원장선생님은 이제 수업료를 내야 한다고 말씀하셨다. 그렇다면 학원에 다니지 않겠다고 했더니, 결국 그냥 다니라고 하셨다. 이유를 정확히 알 수 없지만 그 일을 계기로 혹시 탈선이라도 할까 봐 그러신 게 아닌가 짐작만 할 뿐이다.

어쨌거나 나는 치열하게 공부해야 하는 재수 시절을 그렇게 보내지 않았다. 고3 때보다 더 안 했다고 봐야 할 것이다. 학교 다닐 때는 착실했기 때문에 그나마 수업시간에는 열심히 공부했다. 하지만 학원에 다닐 때는 내게 강제력을 행사할 만한 요소가 없었다. 나는 점점 학원에 있는 시간보다 학원 밖을 돌아다니는 시간이 많아졌다.

## 종로와 명동이라는 신세계가 나를 부르고

거기에는 이유가 있었다. 재수생활을 통해 종로와 명동이라는 새로운 공간을 알게 된 것이다. 그때까지 전혀 몰랐던 세계였다. 음악다방과 영화관, 그리고 당구장. 대학생도 고등학생도 아닌 애매모호한 신분이었지만 술집까지 자유롭게 드나들 수 있었다. 종로와 명동을 알아버린 후 학원은 그저 가방을 맡겨놓는 장소가 되어버렸다. 실컷 놀다가 밤늦게 학원에 가보면 셔터가 내려져 있고, 그 앞에 몇몇 친구들의 가방과 함께 내 가방이 놓여 있곤 했다.

부모님이 아시면 기가 막혀 하실 일이었다. 공부한다고 나간 녀석이 학원이 아니라 당구장이나 음악다방 한구석에 처박혀 있다니, 눈에 불을 켜고 공부하기는커녕 음악을 들으며 쇼펜하우어나 니체의 책을 읽고 한숨만 쉬어대다니 가당키나 한 일인가. 그 책들을 이해했다고 볼 수도 없었다. 특히 쇼펜하우어는 어떤 책을 읽었는지 기억도 나지 않는다. 단지 스스로를 우울과 좌절의 늪으로 밀어 넣은 채 염세주의에 빠져 있던 내게 퍽 매혹적으로 느껴졌다는 것만 기억난다.

당시 내게는 미래가 보이지 않았다. 미래로 가는 길이 뚝 끊어진 느낌이었다. 그런데 그 기분에서 벗어나려는 노력보다는 오히려 그 속에 빠져 있으려 했던 것 같다. 그편이 더 쉽고 마음 편했기 때문이다.

특히 공부를 멀리하게 한 주범은 음악이었다. 초등학교 때부터 시인이 되고 싶었고 문학을 많이 접했던 나였지만 음악은 재수 시절에 본격적으로 접하게 되었다. 물론 그전에도 노래를 좋아해서 밤늦게까지 라디오를 듣곤 했다. 하지만 내 방이 따로 있는 것도 아니어서 음악에 빠져들 수가 없었다. 그러다가 음악다방을 알게 됐으니 얼마나 새롭고 매력적이었겠는가. 온종일 다방에 앉아 들어도 질리지 않았다. 당시 듣던 음악의 90퍼센트가 팝송이었는데 거의 외우다시피 했다.

그때도 나는 담배는 절대 피우지 않았다. 음악다방을 드나들던 재수생이나 대학생 대부분이 담배를 피웠는데도 말이다. 담배만큼은 배우지 말라던 아버지의 말씀 때문이었다. 음악이 흐르는 다방 한구석에서 염세주의 책을 읽으면서, 혹은 멍하니 사람들을 구경하면서 온종일 시간을 보냈다.

고등학교 때 친하게 지낸 일고여덟 명의 친구 중 나와 또 한 명 빼고 다 대학생이 되었다. 그 친구들이 한 달에 한두 번이면 재수생인 우리를 찾아와 함께 당구도 치고 술도 마시며 놀았다. 당구는 여름이 끝날 무렵 배우기 시작했는데, 워낙 잡기에 능해서인지 나보다 먼저 접했고 매일 치다시피 하던 녀석들을 금방 따라잡았다. 10월쯤 되자 볼링까지 보태졌다. 재수생이 과목 점수를 늘려간 게 아니라 잡기 종목만 늘려간 것이다.

음악다방도, 친구들과의 당구 게임도 아니면 혼자 교외선을 타고 벽제나 송추 또는 장흥까지 가서 냇가에서 시도 쓰고 그림도 그렸다. 그렇게 뭐라 이름 지을 수 없는 모호한 시간을 보냈는데, 재수생이라는 신분으로 보면 완전히 허송세월을 한 셈이다.

시간은 흘러 어느새 시원한 가을바람이 불기 시작했다. 시험 치를 날이 다가오고 있었다. 그래도 나는 의식적으로 입시라는 현실을 무시했고 그 과정에서 정신적 방황은 깊어갔다.

그러던 어느 날 고등학교 때 친하게 지낸 노정일이라는 친구를 우연히 만났다. 한 명은 서울공대 건축과 학생이고 한 명은 재수생이라는 처지로. 당구장이 있는 건물의 좁은 계단이었는데 나는 당구를 치고 내려가는 중이었고 그 친구는 올라오는 중이었다.

나는 반가운 마음에 활짝 웃으며 손을 내밀었다. 그런데 그 친구가 다짜고짜 내 따귀를 후려갈기는 것이 아닌가? 엄청 센 펀치인데다 너무 갑작스러운 일이라 벽으로 밀린 나는 아무 말도 못 하고 쳐다보기만 했다. 그러자 그 친구가 화를 내며 한마디했다.

"너 왜 이러냐? 지금 여기서 이러고 있을 때가 아니잖아!"

그러고는 찬바람을 쌩하니 일으키며 올라가 버렸다.

얼떨떨한 기분으로 계단을 내려와 다방으로 들어갔다. 그리고 오랫동안 생각에 잠겼다.

다방에서 나올 때 나는 생각이 바뀌어 있었다. '도망친다고 도망칠 수 있는 일이 아니다. 아니, 이것은 단순한 도망이 아니라 나를 망치는 길로 달리는 것이다. 이제부터는 공부를 하자. 자유로워지기 위해서, 내 꿈을 이루기 위해서 지나가야만 하는 길이 있다면 지나가야 한다.'

그때부터, 바로 그날부터 공부를 하기 시작했다. 그러나 너무 늦은 결심이었다. 서울대 의예과에 재도전했지만 또다시 낙방의 아픔을 겪었다.

그런데 1차는 떨어졌지만 2차 지망에 합격했다. 내가 쓴 기억은 없는데 어쨌든 1차 지망이 의예과였고 2차 지망이 동물학과였다. 아마 담임선생님께서 써주셨던 모양이다. 나는 의예과가 아니면 가지 않겠다고 버텼지만 담임선생님께서는 동물학과가 의학이랑 가장 가깝고 공부할 만한 것이라며 삼수보다 진학을 권하셨다. 그리고 무엇보다 아버지의 강경한 반대에 부딪혀 삼수의 길은 막혀버렸다.

아마 그때 내 생각대로 삼수를 택했다면 지금의 나는 없었을 것이다. 장담할 수는 없지만 내가 꾸었던 어떤 꿈도 이루지 못한 채 더 깊이 추락했을지도 모르겠다.

어쩌면 음악다방 디제이를 하다가 언더그라운드의 디제이로 살았을지도 모른다. 한 음악다방 디제이가 당시 유행하던 아폴로 눈병으로 그만두게 되었을 때 내게 디제이를 하라고 제안한 적이 있었다. 나는 마음이 무척 흔들렸다. 하지만 그 제안을 받아들이기에는 부모님의 기대라는 무게가 너무 컸다.

꿈이 많다 보니 방황도 많을 수밖에

# 한 번도 꿈꾸지 않았던
# 동물학과에 들어갔어

## 열등감으로 시작한 대학생활

'동물학과'라는 이름이 생소했던 것은 나만이 아니었다. 단적으로 우리 과는 미팅을 주선하기가 어려웠다. 당시는 과 단위 미팅이 많았는데 우리 과는 존재 자체가 낯설었기 때문이다. 과 친구의 누나나 형, 친구의 주선으로 가끔 미팅이 이루어졌고 나도 몇 번 끌려가 본 적이 있긴 하다. 그런데 여학생들이 우리 과에 대해 잘 모를 뿐 아니라 대충 알고 나도 시큰둥한 반응을 보여 대화가 이어지지 않았다. 수의학과 정도로 받아들이는 이들이 많았고 심지어 '독문학과'로 잘못 알아듣고 이야기를 진행하는 경우도 있었다고 한다.

이름도 알지 못했던 학과에 그것도 내 의지보단 타의로 입학했으니 공부에 흥미가 있을 리 없었다. 전공 수업에 거의 들어가지 않았다. 내가 대학에 다닐 때만 해도 자연과학대학과 인문대학이 나뉘지 않고 '문리대'라는 이름으로 통합되어 있었다. 1학년은 공릉동에 교양과정부가 있어서 줄곧 그쪽으로만 다녔고 2학년이 되어서야 동숭동에 있는 문리대로 다니기 시작했다. 2학년 1학기가 되었을 때 어느 날 과 사무실에 들렀는데 사무원 아저씨가 나를 전혀 알아보지 못하셨다. 그도 그럴 것이 그때까지도 나는 과 사무실이라는 데를 가본 적이 없었던 것이다.

1학년을 정말 재미없게 보낼 뻔했는데 그래도 공릉동에 있는 학교까지 빼먹지 않고 다닌 것은 농구하는 재미 때문이었다. 경복고등학교는 워낙 농구를 잘하는 학교여서 아마추어 농구팀이 여러 개 있었다. 우리 친구들도 팀을 만들어 무척 열심히 했고 나도 곧잘 했다. 먼저 대학에 들어간 친구가 그런 소문을 낸 모양인지 교양과정부 농구팀을 만든다며 내게 함께하자는 제의를 해 왔다. 공대에 다니고 있는 친구의 소개로 날 찾아왔다는 말에 그냥 농구부에 들었고, 그 재미에 집에서 두 시간이나 걸리는 공릉까지 가곤 했다.

1학년 시절 내게는 강아지풀이라는 별명이 있었다. 국어를 가르치던 교수님이 지어주신 것이었다. 나는 담배를 안 피우는 대신 항상 강아지풀을 입에 물고 다녔는데, 수업시간에도 버릇처럼 물고 있기 일쑤였다. 큰 강의실에 다른 친구들은 앞에 모여 있는 반면 나만 혼자 뒤쪽에 앉아 강아지풀을 문 채 창밖을 바라보곤 했었다. 그러던 어느 날 국어선생님이 "어이, 거기 강아지풀!" 하고 부르시는 바람에 졸지에 그게 별명이 되어버렸다.

동숭동으로 다니기 시작한 이후에는 아예 수강신청을 할 때부터 세포학, 유전학 같은 전공필수 세 과목 정도 빼고는 다른 학과 과목을 신청했다. 예를 들면 사회대, 인문대 수업과 미대 과목인 미학 등이었다. 시험 성적을 보면 전공인 생물학은 거의 D였는데 다른 과목은 그래도 종종 A를 받았다. 책 읽기 좋아하고 글도 웬만큼 쓰니 리포트도 그런대로 잘 쓴 편이었나 보다. 친구들이 "넌 진짜 인문대 왔어야 하는데……"라고 할 정도였다. 반면에 동물학과 친구들은 내 얼굴을 보기가 어려웠으니 전공을 잘못 선택해도 한참 잘못 선택한 셈이었다.

전공 공부에는 관심이 없어 시들했지만 동아리 활동은 나름대로 열심히 했다. 특히 'Poiesis'라는 이름의 독서동아리가 재미있었다. 선배들이 하는 것을 기수별로 물려받는 식이었는데 내가 동아리 회장까지 맡게 되었다. 회장은 2학년이 되어야 맡을 수 있지만, 내 고등학교 때 친구들이 모두 2학년이어서 그 조건을 무시하고 나

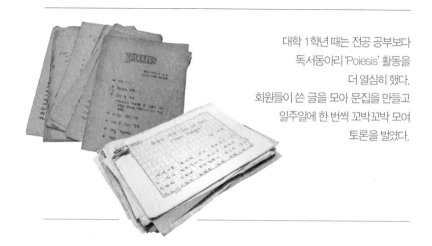

대학 1학년 때는 전공 공부보다
독서동아리 'Poiesis' 활동을
더 열심히 했다.
회원들이 쓴 글을 모아 문집을 만들고
일주일에 한 번씩 꼬박꼬박 모여
토론을 벌였다.

를 적극 추천한 것이다.

지금 나는 조직의 리더 역할을 끔찍하게 싫어하는데 그때는 괜찮게 한 모양이다. 동아리 활동 중에서 제일 어려운 일은 부원들이 한자리에 모이는 것이다. 나는 일주일 동안 회원들을 미리 일대일로 만나 모임 날 참석하겠다는 약속을 받아냈다. 연합동아리여서 이대나 연대 여학생들도 있었으니 쉬운 일이 아니었지만 열심히 했다. 그래서인지 우리 기수 때 독서동아리가 참 잘 돌아갔다. 선배들조차 신기해할 정도로 재미있게 잘 꾸려나갔다.

여름에는 흑산도 인근 홍도까지 일주일 정도 엠티를 가기도 했다. 부모님 허락이 안 나 못 간다는 여학생들도 있었지만 내가 회장으로서 찾아뵙고 허락을 얻어내기도 했다. 나의 어떤 점이 부모님들의 신뢰를 얻었는지는 몰라도 아무튼 우리 기수들은 다 함께 엠티를 갈 수 있었다.

그때는 요즘처럼 학교에 동아리 방이라는 것이 따로 없어서 청소년회관이니 가톨릭회관이니 하는 곳들을 돌아다니면서 모임을 가졌다. 매주 책 한 권씩을 읽고 누군가 발제를 한 뒤 모두 함께 토론을 하는 식이었다. 우리 동아리는 매주 그 내용을 기록하였고 1년에 두 권, 두툼한 문집도 만들어냈다.


## 내 전공을 돌아보게 해준 〈성장의 한계〉

동아리 모임에서 한번은 〈성장의 한계〉를 가지고 토론을 한 적이 있다. 〈성장의 한계〉는 정확히 말하면 책이 아니라 보고서다. 전 지구적인 위기를 연구하는 각국 지식인들의 모임 '로마클럽'에서 1972년에 내놓은 것이다. 보고서가 흔히 그렇듯이 내용도 전공자가 아니면 흥미를 느낄 수 없을 만큼 딱딱하고 지루했다. 아무것도 모른 채 추천자의 말을 따랐던 다른 동아리원들은 모임 당일 엄청난 원망을 쏟아냈다. 그 책을 읽고 모임에 나온 사람은 추천한 친구와 나, 둘뿐이었다.

그 친구가 바로 지금 고려대학교 과학기술대학 최승일 학장이다. 서울대 공대 토목공학과를 졸업하고 그 친구는 유학을 가서 환경공학을 공부하였는데 1학년 때 이미 자신의 미래를 예측한 것인지도 모르겠다.

어쩔 수 없이 그날의 모임은 책 내용을 토론하는 것이 아니라 다른 이야기를 하는 것으로 진행됐다. 그만큼 친구들의 관심을 끌지 못했다는 뜻이다. 그렇지만 나는 달랐다. 보고서 형태였기 때문에 재미는 없었지만 내용 자체는 충격이었다. 그 친구는 공학이고 나는 자연과학인데도 어찌 보면 상당히 비슷한 분야에서 연구하고 있다는 생각이 든다.

〈성장의 한계〉는 나로 하여금 상당히 오랫동안 많은 생각을 하게 만들었다. 거기서 말하고자 하는 바를 단적으로 표현하자면, 현재 하는 방식대로 성장일변도의 경제를 유지해나간다면 지구가 멸망한다는 것이다. 굉장히 세부적으로 분석한 내용들이 그 증거로 제시되어 있었다. 자연을 좋아하는 사람으로서 내게는 엄청난 충격으로 다가왔고, 금방이라도 서울이 망할 것처럼 느껴졌다. 동시에 왜 내가 도시에 마음을 못 붙이고 자연으로 돌아가고 싶어했는지 과학적으로 설명할 수 있겠다는 생각도 들었다.

'이 내용이 사실이라면 앞으로 우리 인간사회는 어떻게 될까? 우리는 무엇을 해야 할까?'

훗날 환경문제뿐 아니라 인간의 본성을 다루는 쪽으로 공부를 하게 됐지만 그 출발점은 '이대로 가다가는 인류는 멸망한다'라는 것이었다. 바로 그런 전제하에 여러 가지 생각을 하게 만든 귀중한 책이 바로 〈성장의 한계〉다.

독서동아리 회원들과 함께 읽었던 책 중 가장 재미없었던 책, 그러면서도 그 책을 추천한 친구와 내가 의기투합하도록 했던 책. 그 책은 내가 선택한 동물학에 대해 다시금 생각해보게 해주었다. 학자가 된 다음 기후변화센터, 생태학회, 환경운동연합과 관련된 활동을 하게 된 것도 근본적인 출발 지점은 그 책이었다.


## 얼떨결에 맡은 사진동아리 회장

수업보다 동아리 활동에 열심이었던 나는 3학년이 뇌자 독서동아리 말고도 사진동아리 활동까지 하게 됐다.

3학년 때 단과대학이 모두 관악캠퍼스로 옮기는 것을 계기로 단과대학별로 있던 사진동아리들을 한데 합치자는 이야기가 나왔다. 난 사실 사진도 찍을 줄 몰랐으며 그 동아리 회원도 아닌데 고등학교 때 비교적 친하게 지낸 친구이자 지금은 한국표준과학연구원의 수석연구원인 조양구 박사의 권유로 회의에 참석했다. 그때 친구의 어떤 말이 나의 마음을 움직여 그 회의에 참석하도록 했는지는 기억나지 않는다.

회의 결과 단과대학별로 있던 사진동아리를 하나로 합치기로 하였다. 하지만 경기고등학교 사진동아리인 '포커스' 출신 친구들은 함께할 의지가 없다고 밝혀 나머지 군소 동아리들이 모여서 '영상'이라는 이름으로 새롭게 출범했다.

자연스레 나는 '영상' 회원이 되었고 앞으로의 활동에 대해 몇 차례 회의가 이어졌다. 그런데 회의 진행이 잘 안 되었다. 중구난방으로 각각의 의견만 난무하고 결론이 나오질 않았다. 회장으로서 동아리 운영을 해본 나로서는 시간이 갈수록 마음만 더 답답해졌다. 그렇다고 그 자리에서 나서기에는 그간 활동이 없었던 탓에 적절치 않다는 생각이 들었다. 그래서 어느 날 회의 도중에 주섬주섬 가방을 챙겨서 나와버렸다. 괜히 시간만 낭비하고 있다는 생각이 들어서다.

"재천아, 왜?"

나를 그 동아리에 끌어들였던 친구가 따라나왔다.

"인제 그만 할란다. 내가 왜 여기 앉아 있는지 모르겠다. 내가 뭐 사진을 잘하는 것도 아니고……. 그리고 너희 하는 것 보니까 이래서는 동아리 운영이 안 될 것 같다."

친구는 나를 말리지 못했다.

그 길로 나는 집으로 돌아왔다. 상도동에 살던 때였는데, 그날

밤 친구가 전화를 걸어왔다.

"지금 애들이랑 장승배기 삼거리에 와 있는데 잠깐 나와라."

"아니, 이 밤중에 무슨 일로?"

"할 이야기가 있어. 일단 나와봐. 소주나 한잔하자. 모두 일부러 여기까지 왔어, 너 만나려고."

그렇게 말하는데 안 나갈 수가 없었다. 그래서 가보았더니 기가 막힌 이야기를 했다. 나더러 '영상' 회장을 맡아달라는 것이었다. 참 불가사의한 일이었다. 그 동아리에서는 신입인 데다 회의 도중에 그만두겠다고 나오기까지 했는데 말이다. 당사자가 없는 자리에서 나를 회장으로 앉혀놓고, 우르르 몰려와 맡으라고 하니 어이가 없었다.

지나놓고 보면 비슷한 일들이 내 인생에 몇 번 있었다. 내 의지와 상관없이 조직의 리더로 뽑히고 그 역할을 맡게 된 경우 말이다.

그렇게 해서 또 얼떨결에 사진동아리 회장을 맡았다. 어쩌면 친구들은 내가 무슨 일을 맡아 일단 시작하면 적극적으로 추진해나가는 동력을 갖고 있다는 점을 본 것인지도 모르겠다. 그랬건 아니건 간에 나는 그야말로 온 힘을 다해 사진동아리 '영상'을 이끌어나갔다.

무식하면 용감하다고 했던가? 회장을 맡고서 처음 저지른 일이, 여러 동아리들이 통합하여 하나의 동아리로 출발하는 기념으

사진을 가장 못 찍는
내가 사진동아리
회장을 맡아
또 열심히 뛰어다녔다.
결과는 별로였지만
찍는 폼만큼은 여느
사진가 못지않았다
(제일 앞쪽).

로 첫 전시회를 여는 것이었다.

"첫 전시회인 만큼 역사를 세우는 일이니까 한번 제대로 해보
자."

누군가 전시회 장소로 프레스센터 1층을 제안했다. 그때 다른
회원들은 우리가 어떻게 그런 곳에서 전시를 할 수 있겠느냐고 반
문했지만 일단 장소는 내가 책임지고 빌리겠다고 큰소리를 쳤다.
어떻게 보면 참 대책이 안 서는 면이 있는 편이다. 일을 거꾸로 한
다고나 할까. 목표부터 설정해놓고 그 목표를 이루기 위해 내가 할
수 있는 모든 행동을 하니까.

프레스센터에서 전시회를 하려면 일단 돈이 필요했다. 그러니
스폰서를 구하는 것이 첫 번째 임무다. 지금 같으면 아마 그렇게
하라고 누가 빌어도 못 할 텐데 그 일을 자청한 셈이다.

꿈이 많다 보니 방황도 많을 수밖에

당시 나는 까만색 007가방(외항선 선원이었던 삼촌이 가져온 것을 졸라서 얻었는데, 그때 막 우리나라에 소개된 참이었다)을 들고 학교에 다녔었다. 그 시절 같은 학교에 다녔던 선배들을 만나면 "너 그때 007가방 들고 다니는 거 진짜 이상했어. 학교 다니는 놈이 아니라 무슨 회사원 같았다니까"라는 이야기를 듣곤 한다.

어쨌든 그 007가방을 들고 온갖 회사를 돌아다녔다. '영상'의 스폰서를 만들기 위해서였다. '영상'을 소개하는 글과 전시회 취지 그리고 후원을 요청하는 글을 적어 여러 장 복사한 다음 회사마다 돌아다니며 디밀었다. 소개를 받아서 간 회사도 있고 무작정 쳐들어간 곳도 있었다. 지금 기억하기론 스무 군데 이상을 찾아간 것 같다.

최종적으로 몇 군데 회사에서 후원을 약속받았다. 그 돈으로 전시회장을 빌리기도 하고 전시 작품을 만드는 비용에도 보탰다. 또 출사를 할 때 우리를 가르쳐줄 전문 사진작가를 초빙하는 비용으로도 썼다(사실 한 친구의 소개로 우리에게 사진을 가르쳐주신 사진작가분이 있었는데 거의 교통비밖에 되지 않는 비용으로 해주셨다). 스폰서를 구한 덕분에 이렇게 많은 일들이 가능해졌다.

전시회 날, 테이프 커팅도 했다. 조완규 학장님도 오시고 우리 어머니도 오셔서 전시를 축하하는 의미로 테이프를 잘라주셨다. 발바닥이 부르트도록 뛰어다닌 성과여서 나로서는 무척 감동적이

과학자의 서재

었고 큰 보람을 느꼈다.

서울대 학생들의 사진동아리가 프레스센터에서 작품전을 연다는 자체가 뉴스거리였는지 장안의 사진작가들도 많이 와주셨다. 그중에는 유명한 임흥식 사진작가도 계셨다.

그런데 그분이 겨우 한 점 출품한 내 작품을 보시고는 아주 혹평을 하셔서 얼굴을 들 수가 없었다.

"잘 알지도 못하는 것들이 제대로 배우기도 전에 꼭 이렇게 이상한 짓들을 한다니까! 이게 작품이야? 당장 떼!"

좀 전위적인 분위기를 내겠다고 작업을 했는데 그게 영 거슬렸던 모양이다. 사실 뭘 알고 그렇게 한 게 아니라 잔뜩 폼을 잡다 보니 그런 졸작이 되어버렸다. 사진을 잘 찍지도 못하는 데다 스폰서를 마련하러 다니느라 시간이 없었다는 것도 핑계라면 핑계였다.

내 작품이 칭찬을 듣지 못했지만 전시회는 성공적이어서 이후 동아리 활동도 더욱 활기차게 이뤄졌다. '영상'은 열정적이었던 내 대학 시절의 한 페이지를 아름답게 장식해주었다. 지금도 그 동아리가 있는데 명맥을 유지하는 정도가 아니라 아주 잘하고 있다. 아마 대한민국에서 제일 역사가 깊고 대단한 사진동아리일 것이다.

동아리 활동은 그렇게 열정적으로 했지만 전공 수업에 대해서는 여전히 시큰둥했다. 문리대로 통합되어 있어 다른 과 과목을 들을 수 있었던 2학년 때가 그나마 재미있었다. 학년이 올라가고 전공필수 과목이 많아질수록 나는 수업이 지겹기만 했다.


## 이번에는 과대표에다 문예부장까지


관악캠퍼스로 이사 온 3학년 때, 학년대표를 뽑게 되었다. 3학년 학년대표는 전체 과대표까지 맡아야 하므로 결코 가볍지 않은 자리였다.

전공 과목 수업을 잘 듣지 않았지만 그래도 졸업하려면 들어야 하는 중요한 수업이 몇 개 있어서 나는 겨우겨우 출석을 하고 있었다. 그날도 그런 이유로 수업을 들었다. 수업이 끝났는데 과대표를 뽑는 투표가 있다며 웅성거렸다. 다들 그대로 앉아 있는데 혼자 일어서서 나오기도 어색해 별 관심 없이 뒤쪽에 앉아 있었다. 그런데 뜻밖에 과 친구 중 하나가 나를 추천했다. 나는 말도 안 된다며 싫다는 의사표시를 했지만 얼렁뚱땅 과대표에 뽑히고 말았다.

지금 생각해봐도 과 친구들이 왜 그랬는지 이해가 잘 안 된다. 어쩌면 전공에 적응하지 못하고 밖으로만 빙빙 도는 나를 과 안으로 끌어들이려고 그랬던 것인지 모르겠다.

본의 아니게 들어간 동물학과, 그런데 또 한 번 본의 아니게 과를 대표하는 사람이 되어 동물학과 한복판에 들어가게 되었다.

그때는 학교마다 학도호국단이라는 것이 있었고, 학생회가 조직되지 않도록 정부가 촉각을 곤두세우던 때였다. 학생 시위가 잦았는데 소규모 시위만 일어나도 경찰들이 학교 안으로 당장 쳐들어왔다. 또 우리 학교 뒤 관악산에는 산봉우리마다 교정을 내려다보는 관측소가 있었다. 학생들이 네댓 명만 모여 있어도 금세 누군가 찾아와서 "학생들 수업 없나?" 하며 은근슬쩍 위협을 하던 시절이었다.

그런데 과대표를 맡게 된 후 나는 학도호국단의 문예부장으로도 뽑혔다. 도대체 왜 나에게 그런 걸 시켰나 싶은데, 난 또 왜 거절하지 않고 그 역할을 맡았는지도 의문이다.

아무튼 요즘으로 치면 학생회장인 학도호국단 단장 밑에서 문예부장으로 일했다. 지금 서울대 학생회관인 서울대 본부 옆 건물 3층에 따로 사무실도 있었다. 책상에 전화도 한 대 있었고 여학생이 차장을 맡아 전화받는 일을 주로 해주었다. 우리가 하는 일 중 가장 비중 있는 일은 학교 안의 모든 동아리를 지원하고 관리하는 것이었다.

그때 내가 어째서 성격에도 맞지 않는 그 일을 했던 것일까? 맡지 말았어야 할 일을 왜 맡았을까? 아마도 나에게는 어떤 역할이 맡겨졌을 때 거부하지 않는 본능이 있었던 것 같다. 일단 맡겨지면 '죽이 되든 밥이 되든 한번 해보자'라는 생각을 하게 된달까? 아마 어려서부터 '장남'이라는 위치를 떠안고 보니 평상시에도 그 비슷한 반응을 보이는 것 같다. 누군가 꼭 해야 할 일이라면 그 일이 내 차지가 되었을 때 다른 사람에게 떠넘기질 못했다.

축제를 하게 되면 문예부에서 각 동아리에 약간의 돈도 지원했는데 그 과정에서 나는 곤욕스러운 일을 겪기도 했다. 탈춤동아리는 시위를 제일 많이 하는 동아리라 요주의 동아리로 꼽혔다. 그건 나도 알고 있었지만 학교 동아리니까 당연히 지원해줘야 한다고 판단했고 다른 곳과 같이 지원했다. 그런데 그 일 때문에 관악파출소에 불려 가서 취조를 받았다.

"탈춤회가 어떤 곳인지 모르지는 않겠지? 너도 그놈들과 같은 패거리냐?"

"이번 축제에서 그놈들이 또 무슨 일을 벌이면 어쩔 테냐?"

결국 나는 탈춤동아리에서 축제에 관련된 것 말고, 시위를 조직하거나 대외적인 다른 활동을 하지 않도록 책임지겠다는 서약서에 서명을 하고서야 풀려났다.

파출소에 불려 간 게 그때만은 아니었다. 나를 문예부장에 앉혀놓은 것은 데모하는 동아리들의 활동을 억누르라는 뜻이었는데 나는 개의치 않고 이곳저곳 다 지원했기 때문이다. 파출소에 불려다니기는 했지만 그것 때문에 주눅이 들지는 않았다. 파출소에서는 안 그러겠다고 하고 풀려난 뒤에도 지원을 요청하는 동아리가 있

　　　　　　　　　　　　　　　　　과학자의 서재

으면 사정이 되는 만큼 해주곤 했다. 내가 봐도 참 대책 없는 배짱이었다.

그렇게 동아리 활동하랴, 과대표 하랴, 학도호국단 문예부장까지 하랴 아주 많이 바쁜 3학년을 보냈다. 학과 수업은 제대로 들어가지 않으면서도 우리 과에서 제일 바쁜 사람이 나였던 것 같다. 학교에 늘 있었지만 수업시간에는 볼 수 없는 이상한 학생이었다.

당연히 학점은 엉망이었다. 대학 3학년을 완전히 공허하게 보낸 것이다. 이것저것 하는 것도 많고 바빴지만 의미 있는 결실을 본 것은 없었다. 그러다가 3학년이 끝나고 4학년이 시작되는 방학 때 또다시 많은 생각을 했다.

돌이켜 생각해보면 1, 2학년 때 재미나게 살았고 3학년 때도 바쁘게 지냈지만, 내가 가야 할 길을 정확하게 알 수 없었다. 왠지 내 길을 가고 있지 못하다는 생각에 늘 불안감을 느꼈다. 무엇을 하든 그것에 100퍼센트 빠져들지 못하고 한 발 정도는 밖으로 빼놓고 있었기 때문에 어떤 것도 마음 놓고 즐기지 못했다. 항상 '내가 지금 이 짓을 하고 있으면 안 되는데……'라는 생각이 들었다. 무엇인가를 할 때 모든 것을 팽개치고 빠져드는 사람을 보면 부러웠는데, 나는 대학 3년 동안 그렇게 해보지 못했다는 것을 깨달았다. '그렇다면 그동안 내가 했던 일들이 내 일이 아니라는 거지' 하는 생각이 들었다.

꿈이 많다 보니 방황도 많을 수밖에

4학년이 시작된다고 생각하자 마음이 더욱 복잡해졌다. 지금처럼 지냈다간 내 인생이 아무것도 아닌 게 될 것 같았다. 그래서 정신을 차려 벼락치기로라도 공부를 해보자는 생각을 했다. 돌이켜 보면 초등학교 때부터 고등학교 때까지 늘 마지막 학년에 이르러서야 공부할 마음을 먹은 것 같다.

'어쨌든 나의 현실은 동물학과, 이곳이야. 나의 미래도 이곳에서 시작될 거야. 그 출발점을 찾아보자.'

그런 결심으로 4학년이 시작되자마자 그 많은 활동을 접었다. 활동을 함께하던 친구들과 연락까지 끊고 찾아 들어간 곳이 생물학과 건물 지하에 있는 발생학 실험실이었다.

# 방황의 늪에서
# 나를 건져준 한 권의 책

## 《우연과 필연》 덕분에 달라진 내 인생

4학년이 되면서 모든 활동을 한꺼번에 정리한 뒤 평소 나를 아껴주시던 윤용달 조교 선생님의 연구실로 찾아갔다. 그곳에서 일을 도우며 연구를 하게 해달라고 했다. 2학년 말에 관악캠퍼스로 이사를 하기 위해 과 짐을 쌀 때 일을 도와드린 적이 있는 선배 선생님이었다. 그 인연으로 알고 지내던 선생님은 안 그래도 내가 과에 적응하지 못하고 겉도는 것을 걱정했다며 제 발로 찾아와 고맙다고 반겨주었다(윤용달 선생님은 한양대학교에서 수업을 하시다 최근에 퇴임하셨다).

당시 조완규 교수님이 자연대 학장을 맡으시는 바람에 대학원 생인 그 선배님이 연구실 운영을 거의 도맡아 했다. 연구실에 가보니 할 일은 많은데 인원이 적어 다들 엄청난 양의 일을 하고 있었다. 나도 거기 끼어들어 상당히 많은 일을 했다.

내가 지하 연구실에서 일에 매달려 있는 동안, 나의 지난 활동에 관련된 사람들은 갑자기 사라진 나를 찾아다녔다. 더러는 물어물어 지하실에 있는 연구실로 나타나기도 했다.

"나 이제 다른 활동 안 해. 이제부터 공부해야 해."

그렇게 간단한 대답에 모두 금방 설득당하지 않았지만 내 대답은 그뿐이었고, 그들의 성화에도 용케 잘 버텼다. 나를 찾아온 그 친구들에게 '이제 내 길이 무엇인지 찾아야 해. 그러지 않으면 내 인생은 아무것도 아닌 게 될 거야'라고 말할 순 없었다. 하지만 나의 결심은 단호하고도 절박했다.

그럴 무렵이었다. 우연히 《우연과 필연》이라는 책을 발견하게 되었다. 그야말로 '우연히'였다.

지금은 학생들이 정말 영어를 잘하지만 내가 학교 다닐 때만 해도 원서를 읽을 수 있는 사람은 몇 안 되었다. 교수님들이 아무리 원서를 읽으라고 강조해도 그럴 능력이 되지 않아 못 읽었다. 나는 전공 성적은 좋지 않았지만 영어 실력은 괜찮은 편이었다. 고등학교 때부터 좋아하는 과목이었기 때문이다. 마음을 다잡고 실험실로 돌아간 뒤로는 원서를 많이 읽으려고 노력했다. 전공 관련 책은 물론이고《어린 왕자》도 원서로 구해 읽었고 이런저런 영어 소설을 읽으려고 노력했다.

그러던 중 당시 종로 골목에 있던 외국서적 책방을 기웃거리다가 제목이 너무나 매력적인 얇은 책 한 권을 발견했다. 겉장을 들추자 책 첫머리에 인용된 데모크리토스의 말이 가슴 한복판을 파고들었다.

"우주에 존재하는 모든 것은 우연과 필연의 열매들이다."

그 책이 바로 자크 모노가 쓴《우연과 필연》이었고, 손에 잡는 순간부터 놓을 수가 없었다. 한마디로 기가 막힌 책이었다.

세상과 자연의 원리들을 '우연과 필연'이라는 두 가지로 설명해낸 그 책은 읽는 동안, 그리고 읽고 난 뒤에도 감동의 물결에 휩싸인 채 많은 생각을 하게 했다.

'야, 이런 것이 가능하구나! 자크 모노는 생물학자인데 책은 완전히 철학책이잖아.'

이 책은 내게 생물학이 그저 흰 가운을 입고 세포나 들여다보는 게 아니라 인간 본성을 파헤치고 철학을 논할 수 있는 학문이란 걸 알려줬다. 그 책은 내게 생물학에 몸바쳐도 된다는 정당성을 부여해주었다.

## 생물학에 인생을 바쳐도 좋겠다!

너무나도 감동을 받아서 교수님들은 물론이고 과 친구들에게도 책에 대해 이야기하기 시작했다. 교수님들은 그 책의 존재를 알고 계셨다. 자크 모노가 노벨상 수상자이고 그런 책을 썼다는 정도로. 하지만 책을 읽은 교수님은 생각보다 별로 없었고 과 친구 중에는 읽은 사람이 하나도 없었다. 워낙 감명을 받은 터라 나는 다른 이들에게도 읽히고 싶었다.

그 길로 복사실을 찾아가 책을 보여드리며 "이 책을 복사해서 제본할 수 있겠습니까?"라고 물었다. 도대체 왜 그렇게까지 적극적이었는지 이유는 잘 모르겠다. 아마도 내가 느낀 감동을 주변 사람들과 같이 나누고 싶다는 사명감이나 일종의 소통 욕구가 아니었을까 싶다. 시쳇말로 '오버'일 수도 있고.

물론 복사본을 만들기 전에 교수님이나 과 친구들에게 내가 그 책을 만들면 사보겠느냐는 사전조사를 먼저 하긴 했다. 모두들 사겠다고 해서 총 80권을 만들었다.

복사본이 완성되자 사겠다고 한 교수님, 친구들, 대학원 선배들에게 돌렸다. 그런데 책값을 준 경우는 2, 30명 정도밖에 되지 않았다. 나중에 나는 서울대 교수가 된 후 어느 교수 방이든 들르게 되면 책꽂이를 꼭 살폈다. 그러다 보면 종종 내가 제본했던 《우연과

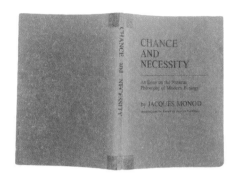

나를 생물학의 세계로
데려가 주었던
《우연과 필연》.
크게 감동받은 나머지
내 돈으로 80권을 제본하여
주위에 뿌렸지만
복사비도 건지지 못했다.

필연》이 보이곤 했다.

"혹시 이 책 받았을 때 돈 냈어요? 내가 돌린 건 80권이 가까운데 돈은 2, 30권밖에 못 받았거든요."

장난스레 그렇게 물어보면 다들 "난 냈지요"라고 대답한다. 결국 받은 사람은 없고 낸 사람들뿐인 거다.

그 책을 제본하여 돌릴 때에는 언젠가 다 함께 모여 토론을 해보고 싶다는 바람이 컸는데 지금까지 그 바람은 이뤄지지 못했다.

그 책은 어떻게 보면 현재 내 인생의 출발점이다.

〈성장의 한계〉는 메시지도 좋고 내게 충격을 주기는 했지만, 여전히 과학적 데이터로만 존재하는 재미없는 책이었다. '그 책을 쓴 사람처럼 나도 그렇게 따분한 연구를 하면서 따분한 자료와 표만

만지작거리며 살아야 하나?' 하고 생각하면 별로 신이 나지 않았다. 게다가 뭔가 인생의 길을 찾겠다고 그동안의 모든 교류를 끊고 스스로 실험실로 찾아왔지만 딱히 불빛을 발견하지 못했다. 조교 선배를 보면 '이 길을 가자면 나도 선배처럼 쥐 잡아서 약품처리하고 난자를 기르는 일을 평생 해야 하나?'라는 생각에 오히려 학문의 매력이 떨어져 나갔다.

그러던 참에 《우연과 필연》을 만난 것이다. 이 책을 읽고서야 완전히 다른 생각을 할 수 있게 되었다.

'생물학자도 이런 생각을 할 수 있고 이런 철학을 이야기할 수 있구나.'

생물학자가 생명에 대해서 연구를 하다 보면 어느 순간에는 사람의 삶에 대한 어떤 철학을 가질 수 있고 설명할 수 있으리라는 생각이 들었다. 나라고 그렇게 못 하라는 법은 없겠지 싶어지기도 했다.

'쥐 난자 실험을 해서 언젠가는 노벨상도 받고, 사람들에게 감동을 주는 저런 책을 쓰면 되는 것 아닌가!'

《우연과 필연》을 읽음으로써 막연하게나마 미래에 대한 구상을 할 수 있게 된 것이다. 생물학과에 다니면서도 대학을 다니는 내내 찬바람만 불면 신춘문예 열병을 앓던 나는 소설가가 되어 글을 쓰면서 살고 싶다는 생각을 버리지 못했다. 물론 어렸을 때부터 시인이 되고 싶었지만 짧은 한 편의 시로 심사위원들의 마음을 사로잡을 자신이 없었다. 그래서 언제부턴가는 나를 더 많이 보여줄 수 있는 소설로 방향을 바꿨다. 그러니까 신춘문예에 당선되어 작가로 먹고사는 것이 그때까지 내가 그릴 수 있는 미래였다. 그 외 분야에서는 그림이 그려지지 않았다.

그런데 이제는 전공인 생물학을 하면서도 내가 재미를 느끼고 남에게 감동을 줄 수 있는 삶을 살 수도 있겠다는 생각을 한 것이다. 아니, 더 구체적으로 말하면 '생물학에도 내가 더 파고들면 들수록 매력을 느낄 수 있는 뭔가가 있겠구나. 생물학에 내 인생을 바쳐도 괜찮겠구나!'라는 생각을 하게 된 것이다.

# 야학 덕분에
# 가르치는 기쁨을 알게 되고

## 군대에서까지 고집을 부린 간 큰 졸병

나는 방위병으로 군을 마쳤다. 수색에서 방위병 훈련을 받은 다음
근무지를 배치받았다. 동기생들은 다들 자기 동네 동사무소로 배
치받았는데 나는 경기도 시흥에 있는 군대 창고로 배정받았다. 지
금 생각해보면 다들 편한 곳으로 배치받기 위해 모종의 힘을 썼는
데 나는 아무것도 하지 않았기 때문이지 싶다. 그때는 그런 거래가
이루어지던 시절이었으니까. 하지만 나는 불만이 없었다. 남들보
다 적은 기간을 근무하는 것만 해도 행운이라고 생각했다.

과학자의 서재

그런데 막상 가서 근무해보니 무척 힘이 들었다. 온종일 시멘트 져 나르는 작업을 했는데 집에 와서 코를 풀면 시커먼 시멘트 가루가 묻어 나오곤 했다.

그렇게 며칠이 지났을 때다. 행정실에서 나를 부르더니 하던 작업을 그만두고 행정실 근무를 하라고 했다. 하지만 나는 거절했다. 아마 행정실에서는 대학 다니다 온, 희멀건 얼굴에 키만 크고 힘도 없어 보이는 놈이 시멘트 포대를 나르는 모습이 안돼 보였던가 보다.

대부분 그런 제안을 받으면 얼씨구나 하고 명에 따랐겠지만 그 시절 나는 무슨 생각을 했는지 "남들은 3년을 하는데 저는 1년밖에 안 하면서, 힘들다고 편안한 일 하기 싫습니다"라고 말했다. 당연히 몇 대 얻어터졌다. 군대가 어떤 곳인가? 명령이라면 죽는시늉도 해야 하는 곳인데 대놓고 상사의 명령을 거절했으니 남은 건 얻어터지는 일밖에 더 있으랴. 그것도 날 생각해서 한 말을 거절했으니 더 건방져 보였을 것이다.

나는 사실 방위병은 계급이 다 똑같으니까 서로 존중해주면 좋겠다고 생각했다. 그런데 그 안에도 하루 이틀 차이로 나름의 계급이 있었다. 그렇게 지내던 어느 날이었다. 고참 방위병 한 명이 신참들에게 돈을 내라더니 한 명씩 걷기 시작했다. 왜 그러느냐고 물어도 험악하게 인상만 쓸 뿐 대답은 하지 않았다. 남들은 다 내는데 끝까지 버티다가 또 문제가 생길까 봐 나도 돈을 냈다.

꿈이 많다 보니 방황도 많을 수밖에

돈을 강제로 거둬가는 것은 당연히 있어서는 안 되는 일이다. 어떻게 해야 하나 고민하고 있는데, 그 사실이 헌병대에 알려졌는지 우리 모두 헌병들에게 끌려갔다. 양평동 어딘가에 있는 헌병부대였다. 우리에게 돈을 거둔 고참 방위병이 어딘가 상납을 했는데 그 사실이 탄로가 난 모양이다.

그런데 어처구니없게도 돈을 거둬간 고참 방위병은 복도에서 헌병들과 얘기를 나누며 나란히 걸어가는데, 돈을 뜯긴 우리만 죄인 취급을 받으며 방에 갇혀 무릎을 꿇고 있어야 했다. 얼마 후 헌병 하나가 나타나 뭔가 적혀 있는 종이를 나눠주며 우리에게 사인을 하라고 했다. 다들 아무 말 없이 펜을 받아들었다.

"사인하지 마! 무슨 내용이 적혀 있는지 읽어보고 확인한 다음에 해야지."

내 말에 동기들이 잠시 멈칫했다. 나는 종이에 적힌 내용을 읽어보려 했고, 동시에 헌병이 군홧발로 나를 걷어차기 시작했다. 그래도 나는 끝까지 내용을 읽었다. 읽고 나니 더 사인을 할 수 없었다. 잘못은 돈을 거둔 방위병에게 있는데, 글을 보면 우리가 잘못한 것처럼 모호하게 꾸며져 있었다.

"이건 말이 안 됩니다. 그 사람이 우리에게 돈을 내놓으라고 해서 줬지, 어디에 쓰는지도 전혀 몰랐단 말입니다."

맞아가면서도 나는 항의했다. 내가 맞는 모습에 겁이 났는지 다른 친구들은 모두 사인을 했다. 결국 나만 혼자 다른 방으로 끌려 갔다. 사방이 꽉 막힌 독방이었다. 잠시 후 검은 안경을 쓴 키 큰 헌 병 한 명이 들어오더니 까만 막대기를 딱딱 두드리며 겁을 주었다. 하지만 난 버텼다. 방위병은 6시면 퇴근을 해야 하니까 그 시간이 넘으면 헌병도 어쩔 수가 없지 않겠나 싶었던 것이다.

몇 대 더 맞으면서 6시가 될 때까지 끝끝내 견뎠다. 예상한 대 로 우리 일행은 근무지로 되돌려 보내졌고 그곳에서 퇴근을 했다. 나는 이 사실을 어머니께 이야기해야 하나 말아야 하나 고민하다 가 결국 말하지 못했다. 이튿날 부대에 갔더니 똑같은 상황이 반복 되었다. 우리는 모두 양평동에 있는 헌병대로 다시 끌려갔다. 내가 사인을 해야 사건이 마무리되는데 끝까지 버티니까 문제가 된 것 이다. 나는 또 얻어터지고 동기들은 나만 쳐다보는 형국이 되었다.

결국 그날 집에 돌아와서 어머니께 상황을 말씀드렸다. 그냥 넘 어갈 수 없는 문제라는 판단이 섰기 때문이다. 어머니는 기함을 하 시면서 포항에 계신 아버지께 연락하셨다. 아버지는 헌병감실에 근무하는 예전 동료에게 '우리 아들이 해서는 안 될 짓을 할 녀석 이 아니다. 무슨 일인지 알아봐 달라'는 부탁을 하신 모양이다.

이튿날도 다시 헌병대로 끌려갔다. 그런데 그날은 헌병대에 들 어가자마자 중령으로 기억되는 사람이 와서 무슨 말인가를 하더니 우리를 부대로 보내주었다.

꿈이 많다 보니 방황도 많을 수밖에

그 후 얼마 지나지 않아 누가 나를 찾아왔다며 여단장실로 오라는 연락을 받았다. 여단장실로 갔더니 대령 한 명이 앉아 있다가 반갑게 나를 맞았다.

"나를 기억 못 하겠는가?"

"죄송하지만, 그렇습니다."

아버지가 군에 계실 때 부하였다는 그 대령은 우리 집에도 자주 놀러 왔다고 했다. 그러더니 왜 행정실 근무를 마다하느냐며 재차 권하였다.

"본인이 싫다니 우리도 어쩔 수가 없네."

여단장님도 옆에서 거들었다. 하지만 나는 현역 친구들보다 훨씬 짧은 기간에다 고생도 덜 하는데 이보다 더 편해지길 바랄 수는 없다며 계속 거절했다.

"거 참, 고집도. 그 아버지에 그 아들이네. 어쩔 수 없지."

우리 방위병들은 그 부대에서 시멘트 나르는 일 외에 정구장을 만들거나 축대를 쌓거나 하는 등의 일을 했다. 힘은 들었지만 헌병대 끌려가는 일만 아니라면 못 할 것도 없었다.

## 내 좌우명이 되어준 야학 교실의 급훈

며칠 후 또다시 여단장님이 나를 불렀다.

"학교 다니다 왔으니, 아이들 좀 가르칠래?"

뜬금없는 말에 그저 다음 말만 기다렸다. 알고 보니 여단장님은 방직공장 아이들을 가르치는 어떤 야학의 교장선생님과 친분이 있었다. 야학 교사가 부족해서 곤란한 모양이니 지원을 해주면 어떻겠느냐는 것이 여단장님의 말씀이었다. 얘기를 듣는 순간, 하고 싶다는 마음이 들었다. 배우고 싶어도 집안 사정 때문에 배우지 못하는 아이들을 가르칠 수 있다는 건 오히려 고마운 일이지 싶었다.

그래서 그날부터 나는 부대로 출근해서 신고를 하고 기본적인 일만 마치면 곧바로 다시 버스를 탔다. 그러고는 지금의 평촌 지역에 있던 야학 장소로 갔다. 당시엔 개울가로 방직공장이 쭉욱 들어서 있었는데 그 근처 밭 옆에 세워진 간이건물이 방직공장 아이들을 가르치는 장소로 이용되었다. 대개 10대에서 20대의 아이들이었는데 가르치다 보니 점점 안쓰럽다는 생각이 커져갔다. 그야말로 나라 전체적으로 보면 수출의 일익을 담당하는 경제일꾼이지만, 개인적으로는 교육도 제대로 받지 못한 채 공장에 내몰린 처지들이 아닌가.

나에게 배우는 애들은 그러니까 밤새 일을 하고 교대를 한 뒤

낮에 공부를 하는 조였다. 나는 근무 시간인 낮에만 가르치면 되었지만, 퇴근 후 버스를 타고 집으로 가다가도 아이들이 자꾸 눈에 밟혀 다시 야학 장소로 갔다. 그렇게 해서 나는 낮에도 가르치고 밤에도 가르치는 선생이 되었다.

10개월 정도 아이들과 함께 시간을 보냈는데 마지막 수업을 하던 날을 평생 잊을 수가 없다. 방위 근무가 끝난 나는 대학원으로 돌아가야 했기에 야학을 계속할 수 없었다. 마음이 너무 무거웠다. 아이들도 마지막 수업이라는 걸 알게 되면서 온통 눈물바다가 되고 말았다.

"선생님, 어떻게 우릴 두고 가세요?"

"가지 마세요. 계속 우리를 가르쳐주세요."

아이들은 울면서 매달렸다. 하지만 어쩔 수 없는 일이었다.

인사를 하고 나와 매정하게 버스에 올라탔다. 그런데 세상에, 아이들이 모두 나와 버스가 꺾여서 안 보일 때까지 뛰면서 따라오는 게 아닌가. 지금의 과천, 사당동 쪽으로 오는 길인데 시골 길이라 좁기까지 했다. 거의 몇백 미터나 되는 길을 아이들이 버스를 따라 뛰는데, 정말 미칠 것만 같았다.

'내가 꼭 대학원에 가서 연구를 해야 하나? 지금 저렇게 간절하게 나를 원하는 아이들이 있는데……. 이 일도 보람 있는 일이 아닌가?'

야학에서 가르친 학생들이
축제를 마련한 날 넥타이까지
챙겨 매고 참석했다.
야학을 하면서 나 스스로
가르치는 일이 적성에 맞는다는 걸
깨닫기도 했다.

대학원으로 돌아가서도 처음 얼마간은, 그만두고 야학으로 돌아갈까 하는 생각을 몇 번이나 했었다. 지친 몸을 이끌고 야학에 참석해 졸린 눈을 비벼가며 배워보겠다고 기를 쓰던 아이들. 그 아이들의 얼굴을 떠올릴 때마다 가슴에 돌덩이가 얹힌 듯 무거웠다.

아이들에 대한 생각으로 감정을 주체하지 못한 날은 즐거운 추억이며 아린 마음을 시로 쏟아내기도 했다. 여기 그때 쓴 시를 한 편 적어본다.

부는 바람 속에
바람이 분다

꿈이 많다 보니 방황도 많을 수밖에

어두운 바람이 분다

부는 바람 속에 내 아이들이 있다

오들오들 그들이 있다

창문을 열어야 하리

바람이 부는데

이리 들어오너라

얼른, 추운데 얼른

그러나 창문을 넘어서는 건

그 부는 바람뿐

바람뿐


1978. 4. 20.

학교에서 돌아온 며칠 후


그때 가르친 아이들이 지금은 학부모가 되었고 그중 몇 명은 가
끔 나를 찾아오기도 한다.

야학을 하던 당시에 교장선생님이 각 반에 급훈을 만들어서 달
자고 제안하신 일이 있다. 나는 담임을 맡고 있던 반의 급훈을 '보
다 긍정적으로, 보다 적극적으로, 보다 낙관적으로'라고 정했다.
그리고는 직접 글을 써서 액자에 넣어 우리 반에 걸어두었다. 그

급훈은 어떻게 보면 내 인생의 좌우명이 되어주었다.

"너희가 지금은 이렇게 힘든 상황이지만 이 세상 모든 것을 일단 긍정적으로 바라보고 더욱 적극적으로 덤벼서 하여간 뭐든지 하자. 소극적으로 피하고 그러지 말자. 그렇게 최선을 다하고 난 다음에는 그냥 좋은 마음으로 기다리자. 그게 바로 낙관이다. '나는 잘될 것이다'라고 생각하며 열심히 살자. 그러면 분명히 그렇게 될 거야."

급훈을 달던 날 우리 반 아이들에게 내가 했던 말이다.

한동안 나는 그때 일을 잊고 살았다. 그런데 서울대 교수 시절에 옛 제자들이 나를 찾아와서는 그 급훈을 다시 써주었다.

"그때 선생님께서 우리에게 이 급훈을 주시면서 그렇게 말씀하셨잖아요. 그 말씀과 급훈이 얼마나 큰 힘이 되었는지 선생님은 모르실 거예요."

그 말을 들으면서 가슴이 뭉클했다.

욕심 같아서는 당시 그 아이들에게 책도 읽히고 싶었지만 그것은 말 그대로 욕심이었다. 고된 일을 마치고 피곤에 지친 몸을 끌고 와, 그래도 조금이라도 배우겠다고 앉아 있는 아이들은 자신도 모르게 졸기 일쑤였다. 영어, 수학을 공부하기도 벅찬 아이들에게 문학작품까지 읽으라고 하는 건 현실적으로 무리였다. 그래서 아이들이 너무 피곤해하면 자유롭게 책상에 엎드려서 들으라고 한 뒤, 내가 가져간 소설을 읽어주었다. 주로 우리나라 단편소설이었다. 내가 중학교 때 흠뻑 빠졌던 단편소설 전집 중에서 한 권씩 가져가 읽어주곤 했다.

들다가 자는 친구들이 더 많았지만, 그래도 늘어진 자세로나마 내가 읽어주는 내용을 재미있어하며 끝까지 듣던 친구들도 더러 있었다. 아이들이 가장 큰 반응을 보인 것이 김동인 선생의 〈배따라기〉와 현진건 선생의 〈불〉이었다.

오랜 세월을 교육자로 살아왔고 지금도 그렇지만, 1년도 채 안 되는 그 야학 시절이 내 마음에 가장 깊이 남아 있다. 학생들을 가르치며 살아가는 일의 가치와 의미를 깨닫게 해준 시간이었기 때문이다.

과학자의 서재

# 내 인생에
# 새로운 드라마가 시작되었어


**배울 준비가 되었을 때 비로소 스승이 나타난대**


대학 3학년 때 일이다. 미국 펜실베이니아 주립대학의 김계중 교수가 세계적인 장학 프로그램인 풀브라이트 교환교수로 우리 동물학과에서 수업을 하게 되었다. 그분이 우리 과 대선배라는 사실을 그때 알았다.

교수님은 강의를 영어로 하셨다. 다른 교수님들과 달리 책이나 논문을 정해서 읽어오라고 하신 다음 토론도 시키셨다. 내가 전공 공부를 열심히 하지 않을 때였지만 영어로 강의한다는 게 재미있

171

어 그 수업은 열심히 들었다. 이공계이면서도 나는 언어에 관심이 많았고 토론이라는 수업 방식도 마음에 들었다.

집중해서 수업을 듣고 질문도 하는 내가 교수님 눈에는 상대적으로 괜찮은 학생으로 보였던 모양이다. 그래서 한 학기 계시는 동안 나를 거의 당신 조수처럼 부리셨다. 내가 과대표였으니 한편으로는 당연한 일이기도 했다. 사모님도 함께 와 계셨는데 숙소에 심부름을 가면 사모님께서는 나에게 미국으로 유학 오라는 말씀을 하시곤 했다.

교환교수 일정이 끝나 교수님이 한국을 떠나시던 날. 학교에서 뭘 가지고 오라고 시키시는 바람에 공항까지 가게 되었는데, 두 분이 내 손을 꼭 잡고 말씀하셨다.

"재천아. 꼭 미국으로 공부하러 와라. 넌 공부해야 할 사람이다. 여기서 우리 분야는 공부에 한계가 많아."

알겠다고 대답을 했지만 전혀 귀담아듣지 않았고, 그 순간에는 유학의 '유'자도 생각하지 않았다.

김계중 교수님과의 짧은 만남이 지나가고 4학년이 되었다.

어느 날 실험실에 있는데 누군가 노크를 했다. 한 선배가 문을 열어주자 백발에 키가 180센티미터는 되어 보이는 외국인이 들어왔다. 그가 영어로 인사를 하는데 우리는 서로 얼굴만 쳐다보면서 멀뚱히 서 있었다. 외국인이 불쑥 들어오니 놀랐던 것이다.

과학자의 서재

나는 그때 시험관을 닦고 있었다. 문을 열어준 선배가 서툰 영어로 어떻게 오셨느냐고 물어보니 그 외국인이 뭐라 뭐라 대답했다. 그런데 그 말을 아무도 알아듣지 못했다. 여전히 우리는 가만히 서 있었다. 그러자 그가 답답했는지 가방에서 편지를 꺼내 들더니 '자에 춘 초에'가 누구냐고 물었다.

우리는 여전히 어리둥절했다. 우리 중에는 그런 이름을 가진 사람이 없었고, 그런 뜻을 영어로 능숙하게 말해줄 만한 사람도 없었던 것이다. 그러자 그 외국인은 제일 가까이 서 있는 나에게 그 편지를 보여주었다. 편지를 확인해보니 그건 내 이름이었다. 내 영어 이름 'Jae Chun Choe'를 이 양반이 있는 그대로 정직하게 읽은 것이다.

"당신이 찾는 사람이 바로 접니다."

그러자 편지 내용을 끝까지 읽어보라고 했다.

그 편지는 김계중 교수님이 써준 것이었다. 교수님은 미국으로 돌아간 뒤 곤충학회에서 조지 에드먼즈 교수, 즉 지금 내 눈앞에서 계신 이분을 만났다고 한다. 그때 에드먼즈 교수가 내년에 잠깐 한국에 가야 한다고 말하자, 거기 가면 조수로 쓸 녀석이 있다고 하면서 편지를 써주셨다는 것이다.

에드먼즈 교수는 공식적으로 서울대학교와 어떤 관련이 있는 것이 아니어서 혼자 찾아와 실험실 문을 두드린 것이다. 김계중 교수님이 조수 역할을 하라고 편지를 썼으니 어쩌겠는가. 이튿날부터 나는 당장 에드먼즈 교수님을 따라 전국을 누볐다.

에드먼즈 교수님은 조선호텔에서 차를 빌리셨다. 그때만 해도 렌터카에 대한 개념이 없던 나로서는 무척 신기했다. 운전은 조지 교수님이 하고 나는 조수석에 앉아 지도를 편 채 "이리로 가세요, 저리로 가세요"라고 하면 되었다. 요즘으로 치면 내비게이션 역할을 하며 전국을 여행한 셈이다. 금발의 미인이신 사모님은 뒷좌석에 앉으셨다.

처음에는 오대산, 설악산을 다 갈 계획이었는데 그곳까지 갈 수가 없었다. 길을 가다가 개울만 보이면 교수님은 차를 급히 세웠다. 그러고는 신발도 벗지 않은 채로 첨벙첨벙 뛰어들기 바빴다. 내가 뒤늦게 양말을 벗고 따라 들어갈 때면 교수님은 벌써 차에 오르고 계셨다. 그렇게 몇 번 뒷북을 치던 나는 교수님이 차를 멈추고 개울로 들어가시면 나도 신발을 신은 채로 따라 들어가기 시작했다.

그런 식으로 일주일 동안 함께 돌아다녔다. 그런데 암만 해도 그분의 행동이 내게는 퍽 이상하게만 보였다.

'저분은 관광을 와서 왜 물에만 들어가는 것일까?'

나는 조지 교수님이 관광을 왔다고 생각했다. 그래서 쇼핑하자는 말 한 번 안 하는 사모님도 신기하게 보였다. 우리가 개울에 들어가 있는 시간이 길어지면 사모님은 차에 싣고 다니는 접이식 의자를 꺼내 나무 그늘에 펴놓고 책을 보며 우리를 기다렸다.

난 속으로 참 이상한 부부도 다 있다고 생각했다. 다른 나라에 관광을 왔으면 이름난 관광지를 가거나 쇼핑을 해야지, 산길 따라 개울만 찾아다니니 당연히 그렇게 생각할 수밖에. 그때만 해도 나는 에드먼즈 교수님이 미국 곤충학회에서 유명한 학자라는 사실을 전혀 몰랐다.

그래서 마지막 날에 결국 궁금해하던 것을 직접 물어보았다. 일주일 동안 따라다니며 도와주느라 수고했다고 교수님이 맥주 한잔을 사주시는 자리였다. 일주일 따라다녔더니 서툴지만 영어로 대충 말을 할 수가 있었다.

"왜 선생님은 남의 나라인 한국까지 와서 개울에만 들어가시는 건가요? 우리나라에 갈 데가 얼마나 많은데……."

처음에는 교수님이 내 말을 이해하지 못하셨다. 일주일 동안 조수 노릇 잘해놓고 왜 그런 걸 묻는지 오히려 내가 이상하다는 표정으로 바라보셨다.

나는 내가 표현을 잘못한 줄 알고 영어표현을 어렵사리 바꿔가며 같은 의미의 질문을 반복했다. 에드먼즈 교수님은 뒤늦게 내 말뜻을 알아차리고는 서양사람 특유의 유머로 재치 있게 대답해주셨다. 자리에서 일어나더니 마치 춤을 청하는 신사처럼 포즈를 취하

곤충 연구의 길을 내게 보여주신
조지 에드먼즈 교수님 부부가 떠나실 때 김포공항에서.
왼쪽은 젊은 시절의 고려대학교 윤일병 교수님.

고 이렇게 말씀하신 것이다.

　"내 소개를 정식으로 하겠습니다. 당신 눈에는 내가 별 볼 일 없어 보이는 하루살이를 연구하는, 역시 별 볼 일 없는 사람처럼 보이나 보군요. 나는 사실 유타대학 곤충학과 정교수입니다. 우리 집은 밤이면 유타주의 주도 솔트레이크시티의 멋진 야경이 내려다보이는 산 중턱에 있고, 플로리다 바닷가에는 멋진 별장도 하나 있습니다. 보다시피 이렇게 아름다운 아내도 있지요. 나는 행복하게 전 세계를 돌아다니며 하루살이를 채집하고 있습니다. 당신의 나라는 내가 백두 번째로 방문한 나라입니다."

　교수님 말씀을 듣고 있자니 갑자기 가슴속에서 큰 북이 울리는 것 같았다. 나도 모르게 의자에서 일어나 선생님 앞에 무릎을 꿇고 앉았다.

"선생님, 제가 바라는 것이 바로 선생님 같은 일을 하는 것입니다. 선생님처럼 사는 것입니다. 어려서부터 꿈꾸어온 삶입니다. 저는 어려서부터 시골에서 개울물 첨벙거리며 지내는 것을 제일 좋아했습니다. 그런데 그런 것을 직업으로 삼을 수 있을 줄 몰랐습니다. 제가 하고 싶어하는 그런 것은 노는 것이고 직업은 무언가 다른 쪽을 찾아야 한다고 생각하며 살았습니다. 그런데 교수님은 제 기준으로 보면 하고 싶은 대로 하면서 밥 벌어먹는 사람입니다. 이제 앞으로 교수님을 제 인생의 기준으로 삼고 교수님처럼 되기 위해 살겠습니다. 정말 교수님처럼 되고 싶습니다."

무릎을 꿇은 채 게다가 이제 막 말문이 트인 영어로 떠듬떠듬 말했으니 이렇게 자세하게 표현하진 못했을 것이다. 그러나 내가 말하고자 하는 핵심과 진심은 그분에게 전달된 것 같았다.


## 이제는 그만 방황을 끝낼 때

"어서 자리에 앉게나."

교수님과 마주앉아 다시 이야기를 시작했다. 이야기 도중에 그

꿈이 많다 보니 방황도 많을 수밖에

는 노트를 꺼내 뭔가를 적기 시작했다. 당신처럼 되려면 어떻게 하면 되는지를 적어주신 것이다.

"앞으로 이렇게 하면 나처럼 살 수 있다네. 우선 미국 유학을 오는 거야. 미국으로 공부하러 와서 이런 공부를 하고 박사 과정을 거쳐서……."

사실 김계중 교수님께서도 해주신 이야기였다. 그런데 그때는 전혀 귀에 들어오지 않더니 이번에는 달랐다. 일주일 동안 함께 생활한 에드먼즈 교수님의 말씀은 나로 하여금 알을 깨고 나오게 만들었다. 바야흐로 내 인생의 진로가 눈앞에 보이는 것이다.

"이쪽 분야를 공부하려면, 이러이러한 대학에서 공부하면 돼."

그렇게 말하고는 쪽지에 '1. 하버드대학-에드워드 윌슨 교수'라고 썼다. 그러면서 이야기를 계속했다.

"내가 자네보고 꼭 하버드를 가라는 이야기는 아니야. 그래도 좋은 학교 순서대로 써야 하니까 쓰는 거니 그렇게 이해해주게."

아마 그때 내게 너무 부담을 주는 것 같은 기분이 들어 그런 말씀을 덧붙이셨던 것 같다. 하버드대학이 아무나 들어가는 곳은 아니라는 생각을 하셨던 게 아닐까.

그렇게 아홉 개 대학을 적고 대학마다 누구누구랑 연구할 수 있는지 다 적어주셨다. 그 쪽지는 그때부터 내 인생의 나침반이 되어주었는데 지금은 잃어버리고 없는 것이 참 아쉽다.

에드먼즈 교수님이 떠나신 뒤 나는 교수님이 써주신 쪽지를 소중히 간직한 채 나의 목표를 향해 전진했다. 드디어 인생의 목표를 세운 것이다. 그 출발점은 유학이었다.

'나는 유학을 갈 것이다. 그런 다음 에드먼즈 교수님처럼 학위를 받아 전 세계를 돌아다니면서 동물들을 연구할 것이다.'

그런 목표를 세운 다음부터는 정말 진지하게 공부에 집중했다. 유학을 가기 위해서는 학점 관리를 해야 하기 때문이다. 적어도 3.0, B학점은 돼야 유학을 갈 수 있으니까 당시 2.0 근처를 맴돌던 내 학점으로는 무리가 있는 목표였다. 이미 4학년이었으니 더욱 그랬다. 게다가 공교롭게도 학교가 관악으로 이사를 하면서 문리대학이 세 대학으로 쪼개지고 말았다. 그 와중에 과목들이 다 바뀌어버렸다. D 받은 과목을 재수강해서 A를 받아야 하는데 재수강도 할 수 없게 된 상황이었다.

내가 할 수 있는 유일한 방법은 최대한 많은 과목을 수강하여 평점을 올리는 것이었다. 그래서 4학년 2학기임에도 최대한 많은 과목을 들었다. 그렇게 겨우겨우 3.0을 넘기고, 누덕누덕 기운 성적표를 가지고 유학을 간 것이다.

사실 주변에서는 다들 말렸다. 워낙 성적도 좋지 않았고, 더군다나 한국에서는 그런 공부를 하겠다고 유학을 가는 사람이 없던 시절이기도 했다. 과 교수님들이나 친구들 모두 도대체 왜 그런 것

꿈이 많다 보니 방황도 많을 수밖에

을 배우려고 미국까지 가느냐고 강하게 말렸다.

"난 그냥 배우고 싶어서 가는 것입니다."

나는 무려 스무 곳이 넘는 학교에 지원서를 넣었다. 스물 몇 개의 지원서를 일일이 다 타자기로 쳐서 만들어야 했는데 그것조차 쉬운 일이 아니었다.

지원서를 보내고 기다리고 있는 나에게 다행스럽게도 뉴욕 주립대학교, 플로리다대학교, 펜실베이니아 주립대학교에서 입학통지서가 날아왔다. 그런데 솔직히 말하면 세 학교에서 연락이 온 것은 에드먼즈 교수님의 추천서 때문이었던 것 같다. 일주일 동안 나를 데리고 일을 해본 것뿐인데 에드먼즈 교수님은 감사하게도 멋진 추천서를 써주셨다.

사실 추천서는 학생이 볼 수 없는 것이지만 나중에 유학을 가서 과에 있는 직원 아주머니를 통해 슬쩍 알아본 적이 있다. 순전히 궁금증 때문이었다. "내가 일주일 동안 일을 시켜봤는데 배우는 속도가 굉장히 빨랐다. 뭔가 일 저지를 녀석처럼 보였다." 대충 이런 내용이었다.

스물 몇 개의 학교 중 그나마 세 군데에서라도 나에게 기회를 준 것은 에드먼즈 교수님의 추천서 덕분임을 나는 의심치 않는다. 나는 그분이 일하시는 모습을 보고 인생 목표를 정했다. 그 목표를 이루기 위해 거쳐야 하는 유학이라는 과정을 경험할 수 있도록 큰 도움을 주신 조지 에드먼즈 교수님. 그분은 방황하던 젊은 영혼에게 온전히 자신의 길을 내다보도록 인도해주신 내 인생의 드라마 감독이었다.

꿈이 많다 보니 방황도 많을 수밖에

'사람은 사람으로 말미암아 사람이 된다'는 말이 있지요.
제가 지금처럼 학자다운 모습을 갖추게 된 것은
모두 훌륭한 스승을 만난 덕분입니다.
스승이 저를 학자로 만들었다면,
제가 읽은 책들은 학자 이전에
'지혜로운 사람'이 될 수 있도록 도와주었어요.
저는 오늘도 묻습니다.
'과학자는 지식 많은 사람일까, 지혜로운 사람일까?'
저는 지혜로운 사람이길 바랍니다.

# PART 3

# 나의 꿈은
# 행복한
# 과학자

# 지식의 탐험을
# 떠나기로 했어

## 유학은 꿈도 꾸지 말라는 아버지

"유학? 말도 안 되는 소리 하지도 마라."

유학을 가겠다는 나의 말을 듣자마자 아버지는 대번에 돌아앉으셨다.

대입 낙방부터 시작하여 마음에 안 드는 구석이 점점 많아지는 장남이다. 그나마 겨우 들어간 대학생활조차 제대로 하지 않고 공부와는 거리가 먼 짓을 하고 다닌다는 것을 모르실 리 없다. 하지만 아버지는 날 포기하기라도 하신 듯 야단조차 치지 않으셨다. 장

나의 꿈은 행복한 과학자

발을 단속하던 시절 치렁치렁한 머리를 고집하던 나를 마주칠 때마다 무표정으로 일관하곤 하셨다.

"이제야 제 길을 찾았습니다. 이제부터 정말 열심히 공부만 하겠습니다. 그런데 제가 하고 싶은 공부는 한국에서 할 수가 없습니다. 미국으로 유학을 가야 합니다. 보내주십시오."

무릎을 꿇은 채 비장한 마음으로 등 돌린 아버지께 말씀드렸다. 내 고집을 아는 아버지이신지라 무작정 반대해서는 안 되겠다고 생각하셨는지 다시 돌아앉으며 말씀하셨다.

"넌 이미 예전에 내가 알던 네가 아니다. 근데 인제 와서 유학이라니? 유학이 한두 푼 드는 일이냐? 그것도 장학금을 받고 가는 게 아니라 학비를 대야 한다고?"

나는 드릴 말씀이 없었다. 아버지는 이어 내 가슴에 대못을 박는 말씀을 하셨다.

"네가 알다시피 우리가 돈을 쌓아놓고 사는 집안이 아니지 않느냐? 그달그달 겨우 살아가고 있지, 여유가 없는 집이다. 설령 돈이 좀 있어서 아들 넷 중 누구 하나를 선택해서 투자한대도 너는 아니라는 것을 네가 제일 잘 알지 않느냐?"

아버지 말씀은 어김없는 사실이었다. 동생들은 공부 문제 가지고 부모님 속을 썩여드린 적이 없었다. 지금 우리 형제는 미국에서 사업을 하는 둘째만 빼고 모두 대학교수를 하고 있다. 장남이라는

과학자의 서재

내가 제일 지지리 궁상을 떨며 대학 입학도 겨우 했고, 입학 후에도 공부는 뒷전이었으니 대꾸할 말이 없었다. 하지만 그냥 물러설 수가 없었다. 내 인생이 걸린 문제였기 때문이다.

"아버지 말씀이 맞으십니다. 하지만 아버지, 마지막으로 한 번만 도와주십시오. 한 학기 버틸 돈만 주십시오. 그다음부터는 장학금도 받고 주유소에서 기름을 넣든 뭘 하든 해서 제힘으로 공부하겠습니다. 부탁입니다, 아버지."

그러나 돌아오는 대답은 안 된다는 말뿐이었다.

나는 결국 아버지께 잘 말씀드려달라고 어머니께 매달리는 수밖에 없었다.


## 가부장적인 아버지 모습은 절대 닮지 말아야지

속상할 일은 아니었다. 이것은 내가 아는 아버지의 가장 일반적인 모습이었다. 우리 아버지가 어떤 아버지인가. 사실 나는 장남이었지만 그때까지만 해도 결코 남자로서 아버지를 이해하거나 생각을 공유하지 못했다. 아버지는 나와 정서적으로 잘 맞지 않았다. 군인 출신답게 절도 있고 엄격한 성품을 가진 아버지와 예술적 감성을 동경하는 나는 애초에 기질이 달랐다.

나의 꿈은 행복한 과학자

젊은 시절의 아버지는 한마디로 일에 미치셨던 분이다. '육군 본부에서 최고로 일 잘하는 사람이다'라는 소리를 듣는 게 인생 최고의 목표인 것처럼 보이기도 했다.

사무실에서 일하는 것도 부족해 퇴근하실 때도 항상 일거리를 들고 오셨다. 그러고는 저녁식사를 마친 다음 어머니께서 밥상을 닦아서 갖다 놓으면 거기에 일거리를 펴놓고 일을 하셨다. 때문에 우리 네 형제는 아버지가 집에 계시는 동안은 숨소리도 조심해야 했다.

아버지는 우리 형제들을 무척이나 엄하게 대하셨다. 지난 시대 아버지들이 거의 그러셨지만, 아버지와 농담을 주고받는다는 것은 꿈에서도 생각할 수 없는 일이었다. 아버지께서 일찍 일어나셔서 마당에 계시는데 내가 아직 누워 있는 것은 있을 수 없는 일이었다. 아버지는 우리를, 특히 장남인 나를 완전히 군대식으로 키우셨다.

내가 잘못을 해도 동생들이 잘못해도 아버지는 장남인 나의 종아리를 때리셨고 반드시 반성문을 쓰게 하셨다. 동생들을 꿇어 앉혀놓고 나의 종아리를 사정없이 치시며 형 노릇을 못해서 동생들이 그런다고 하셨다. 그럼에도 억울한 기분이 들지 않았던 것을 보면 아버지의 장남 중심 교육방식이 내게 먹혔던 모양이다. 동생들은 자기가 맞는 것보다 더 겁을 냈고 미안해했다.

아버지는 매사에 엄격한 군인정신이 내면화된 사람이었다. 감성적이고 상상력을 주체하지 못하던 나와는 달라도 너무 다른 분이었다. 그러나 한편으로는 아버지에 대한 존경심이 있었다. 그것은 아버지가 청렴한 원칙주의자라는 것을 내 눈으로 보았기 때문이다.

내가 아주 어릴 때 아버지는 육군 본부의 제대 반장이라는 걸 하셨다. 제대를 일찍 시켜줄 수도 있는 자리이니 청탁이 많이 들어왔을 것이다. 어느 날 학교에서 돌아온 내가 무심코 방문을 열었는데 아버지 앞에 양복 입은 신사가 앉아 있었다. 그리고 그 신사 앞에는 큰 양복 상자가 있었고 열려 있는 상자 안에 돈이 가득 담긴 게 보였다. 굳은 표정이던 아버지는 나와 눈이 마주치자 "문 닫아!"라고 하셨다. 나는 무서워서 얼른 문을 닫고 뒷걸음질을 쳤다. 그때 방에서 "네놈이 나를 어떻게 보고 이런 짓을 하는 거냐!"라는 아버지의 호통소리가 들렸다.

어린 내게는 정말 위대한 모습이었다. 우리 집안은 철원 최가다. '황금 보기를 돌같이 하라'는 최영 장군의 후손이다. 그때는 아버지가 정말 최영 장군의 후손답다는 생각이 들었다.

그러나 나는 자라면서 아버지에 대한 존경심을 잃어갔다. 어머니한테 너무 엄하셨기 때문이다. 어머니는 아버지를 아주 어려워하셨다. 남편이 아니라 윗분처럼 대했고 매사에 아버지 뜻을 거스르지 않으려고 무진 애를 쓰셨다. 그야말로 하늘처럼 모셨다. 알기

　　　　　　　나의 꿈은 행복한 과학자

쉽게 표현하자면 아버지는 요즘 〈개그콘서트-두분토론〉에 나오는 '남하당' 당수보다 더했다.

우리 가족은 이사를 많이 다녔는데 그 많은 이사를 아버지께서 주도하신 적은 거의 없었다. 주로 어머니와 장남인 나의 일이었다. 물론 요즘에도 이런 남편들이 있을 것이고, 충분히 그럴 수 있다고 생각한다. 그러나 내가 싫어한 아버지의 본질적인 문제는 가정일에 무심하다는 점이 아니라 이를 받아들이는 태도였다.

우리 같은 상황이라면 언제나 어머니의 수고를 치하하면서 살아야 한다. 늘 신세를 지는 거니까. 그러나 아버진 치하는커녕 이런저런 잔소리만 하셨다. 난 그런 아버지가 못마땅했고 점점 싫어졌다. 늘 힘들고 열심히 사시는 어머니께 고맙다, 애썼다는 칭찬 한마디 하는 게 그렇게 어려울까 싶었다. 말 한마디로 천 냥 빚을 갚는다는데 어쩌면 저렇게 야박할 수 있을까 싶어 아버지가 밉기만 했다.

이런 일도 있었다. 우리 식구들은 전부 아랫니가 고르지 못하고 비뚤비뚤한데 아버지께서 특히 심하시다. 아랫니가 거의 세 줄이다. 그때는 요즘처럼 좋은 기계가 없을 때라 쌀에 돌이 많이 섞여 있었다. 밥을 지을 때 조리로 돌을 가려내지만 그래도 한두 개씩 섞여 있곤 했다. 그런데 이상하게도 그 돌을 꼭 아버지께서 씹으시곤 했다. 아마 치아 구조 때문이었을 것이다. 아버지는 첫 숟가락에 돌을 씹어도 당장 뱉어놓고 아무 말 없이 돌아앉으셨다. 우리도 다 수저를 놓아야 했다. 그러면 어머니가 밥상을 들고 나가셨는데, 그 소리를 지금도 잊지 못한다. 어머니께서 떠시는 바람에 파르르 떨리던 수저들 소리.

그런 날 어머니께서는 밥을 다시 퍼 오는 것이 아니라 새로 해 오셨다. 밥이 새로 될 때까지 아버지는 신문을 읽으시고 우리 넷은 옆에서 숨소리도 못 내고 가만히 앉아서 기다렸다. 그러다가 상이 다시 들어오면 밥을 먹었다.

그때 나는 결심했다.

'나는 이다음에 결혼해서 밥을 먹을 때 돌을 씹으면 삼키리라. 아내가 눈치채지 않도록 그냥 꿀꺽 삼키고 말리라.'

이렇듯 어머니에게조차 마냥 무섭게만 대하는 아버지의 태도에 자라면서 야속할 때가 많았다. 배려받지 못하는 어머니에 대한 연민이 생겼고, 비례적으로 아버지에 대한 미움은 깊어가기만 했다.


## 짐작조차 못 했던 큰 사랑

그런 아버지였으니 아무리 내가 장남이라도 무조건 내 편이 되어 주기를 기대하는 건 애초에 무리였다고 스스로를 위안했다.

191

그러나 결과적으로 아버지는 그런 내게 크게 한 방을 먹이셨다. 자식 이기는 부모 없다는 말이 있듯이 결국 아버지는 나의 유학을 허락하셨다. 하지만 문제는 돈이었다. 아버지는 그때 포항제철에 계셨는데 나를 위해 사표를 내셨다. 퇴직금으로 유학자금을 대주기 위해서라는 것을 어머니를 통해 들었을 때 나는 그야말로 아무 말도 할 수가 없었다.

아버지는 내가 고등학교 때 군복을 벗고 포항제철로 자리를 옮기셨다. 박정희 전 대통령이 포항제철을 만들면서 박태준 회장에게 '당신이 필요한 사람이라면 대한민국에서 누구라도 데려다 쓰시오'라고 했기 때문이다. 박 회장은 '대한민국에서 인사 분야 일인자'를 찾았고 그때 육군 본부에 계시던 아버지가 뽑혔다. 그런 이유로 아버지는 장군의 꿈을 버리고 포항제철 인사 전문가로 일하시게 되었다.

그런 사연이 있는데 아버지가 사표를 내니 박태준 회장이 그냥 지나갈 리 없었다. 그렇지만 사표를 낸 배경에 대한 아버지의 말에 박 회장이 감동하여 사표를 받아들였다고 한다. 그러면서 서울에 있는 제철판매회사로 옮기게 해주었다는 사실을 어머니를 통해 알게 되었다. 박태준 회장이 감동한 아버지 말씀은 대충 이런 내용이었다.

"저희 집 큰아들이 유학을 가겠다고 하는데 사실 그놈하고 보낸 시간이 별로 없습니다. 돌이켜보니 어렸을 때는 전방으로 주로 다녔고 또 나중에는 여기 포항제철에 근무하는 탓에 자식들과 늘 떨어져 살았지요. 이놈이 유학을 간다는데, 말로는 공부 끝내고 빨리 온다고 그러지만 그것을 어떻게 알겠습니까? 녀석이 미국에 가기 전까지 얼마간이라도 살을 맞대며 살다가 보내고 싶습니다."

어머니로부터 이런저런 이야기를 전해 들은 나는 아버지의 보이지 않는 큰 사랑에 가슴이 뭉클했다. 그리고 정말 유학 가기 전 6개월 정도가 평생을 통해 아버지와 내가 가장 가깝게 지낸 기간으로 남게 되었다.

대학원에 다닐 때였는데 나는 일부러 시간을 내서 명동으로 아버지를 찾아가기도 했다. 가까운 이들이 흔히 하듯 퇴근길에 나란히 나서서 삼겹살에 소주 한잔 곁들이는, 그렇지만 우리 부자에게는 먼 나라 일이기만 했던 호사도 그때 누려봤다. 아버지와 이런 시간을 갖게 될 줄은 상상조차 하지 못했다.

출국하는 날 많은 친구들이 배웅하러 김포공항까지 왔다. 그런데 내가 하도 대성통곡을 하는 바람에 '저게 죽으러 가는 거지, 어디 유학 가는 사람이냐?'라며 다들 의아해했다고 한다. 내가 그렇게 운 것은 아버지 생각 때문이었다.

뒤늦게 당신의 깊은 자식사랑을 알게 됐고, 함께 지낸 시간이 너무나 짧다는 아쉬움에 가슴이 무너졌다. 자식도 아내도 뒷전이

나의 꿈은 행복한 과학자

고 평생 일밖에 모르시는 분이라 생각했다. 그런데 자식과 함께하겠다고 회사를 그만두셨다는 사실이, 막상 그 품을 떠나야 하는 순간이 되자 나를 그토록 애달프게 만든 것이다.

울면서 나는 다짐했다. 절대 어설프게 하지 않겠다고. 내 온몸을 던져 열심히 공부하여 꼭 아버지 사랑에 보답하겠다고. 그렇게 나는 신파극의 주인공이 되어 유학길에 올랐다.

# 펜실베이니아 주립대학에서
# 제대로 공부하는 학생이 되었어

**이런 공부가 있었구나!**

내가 공부하기로 한 학교는 펜실베이니아 주립대학으로 김계중 교수님이 계신 곳이었다. 원래 가고 싶었던 곳은 더글러스 후투이마라는 교수가 있는 뉴욕 주립대학이었다. 그런데 이리저리 생각해볼 때 김계중 교수님이 계신 곳이 적응하기가 수월할 것 같아 그쪽으로 마음을 정했다.

펜실베이니아 주립대학교 대학원 생태학부에 입학한 나는 마치 물고기가 물을 만난 듯 열심히 공부했다. 사실 그때까지도 나는 생

195

펜실베이니아 주립대학교 대학원 곤충학과 학생들과
(윗줄 왼쪽에서 네 번째가 김계중 교수님, 여덟 번째가 나).

태학을 피상적으로만 알고 있었다. 어려서 본 〈동물의 왕국〉에서처럼 아프리카에 가서 기린이나 코뿔소를 관찰하는 등의 장면을 막연히 상상했을 뿐이다. 그런데 첫 학기 첫 시간부터 생태학은 그보다 훨씬 넓고 깊이 있는 학문이라는 사실을 깨달았다.

그런데 문제는 내가 아는 게 하나도 없다는, 거의 처음 접하는 이론들 천지였다는 사실이다. 명색이 동물학과를 4년이나 다녔는데 아무리 공부를 안 했다지만 주워들은 것도 없겠는가. 그런데도 그야말로 완벽하게 다른 동네였다. 이건 마치 내가 지금까지 속해 왔던 것과 전혀 다른 분야, 일테면 음악이나 건축 공부를 시작하는 기분이었다.

워낙 아는 게 없었으니 그 세계를 따라가려면 무조건 많이 배우는 수밖에 없었다. 나는 대학원 수업은 물론 온갖 학부 수업들까지 죄다 찾아다니며 들었다. 그런데 전혀 힘든 줄을 몰랐고 신 나고 재미있기만 했다. '이런 공부가 있었구나. 진작 알았더라면 정말 한눈팔지 않고 공부만 했을 텐데. 그러면 아버지 속도 덜 썩여드렸을 텐데……'라는 생각이 들 정도였다.

그런데 그곳에서 한 학기를 지내다 보니 석사 과정만 펜실베이니아에서 하고 박사 과정은 다른 대학에서 해야겠다는 생각도 들었다. 내가 이쪽으로 삶의 방향을 잡은 것은 조지 에드먼즈 교수님과 함께 전국을 돌면서였다. 그분처럼 아프리카며 세계 곳곳을 돌아다니며 연구를 하면서 살고 싶었던 게 가장 큰 이유였다. 그런데 펜실베이니아에서는 그런 식으로 연구를 하는 사람이 없는 것 같았다.

그런 고민을 안은 채로 나는 김계중 교수님의 제자가 되기로 했다. 내 계획으로는 1년 반 정도 공부하면 석사 학위를 딸 수 있을 것 같았다. 그런데 김계중 교수님이 워낙 일 욕심이 많으신 분이라 내게 떨어지는 일거리가 어마어마했다.

처음 그분 연구실에 갔을 때 내게는 냉동고 안의 새들을 녹여 거기 붙어사는 체외기생충을 연구하라는 임무가 주어졌다. 냉동고 안에는 알래스카에서 잡아 온 갈매기며 바다오리 같은 새들이 잔뜩 쌓여 있었다. 그것만 하면 되는 줄 알았는데 알래스카에 한 번 더 다녀오신 교수님이 또 엄청난 새들을 잡아오시는 바람에 석사 논문을 완성하는 데 무려 3년이나 걸렸다.

내가 연구를 한 곳은 연구실 지붕 밑 뾰족한 창문이 달려 있는 곳, 바로 다락방이었다. 냉동한 새들의 가죽과 깃털을 끓인 다음 기생충을 골라내는 작업이라 건물 안 연구실에서는 할 수가 없었다. 냄새가 너무나 지독했기 때문이다. 그래서 다락방을 달라고 해서 들어오는 입구는 막고 창문만 열어놓은 채 화로에 새의 깃털과 가죽을 끓였다. 그 다락방 아래가 주차장이었는데 주차장까지 냄새가 진동을 했다. 매일같이 그 일을 했기 때문에 주차를 하러 온 친구들이 "어이, J! 또 요리하나?" 하고 묻곤 했다. 그 시절 나는 학교에서 J로 불렸다.

## 내 진심을 줄 수 있는 공부를 만나고 싶을 뿐

미국 교수들 눈에도 'J'라는 동양인 유학생은 무척 열심히 연구하는 학생으로 보였을 것이다. 더우나 추우나 하루도 쉬지 않고 새들을 끓이고 기생충을 잡아내어 현미경으로 들여다보고 있었으니 말이다.

그렇게 열심히 연구한 끝에 드디어 석사논문을 완성했다. 제목은 우리말로 하면 〈알래스카 바닷새의 체외기생충 군집 생태학〉이다. 석사논문을 얼마나 열심히 썼던지 나중에 내가 쓴 박사논문 정도의 양이 되었다.

그런데 석사논문 심사 과정에서 특이한 일이 발생했다.

위원회 선생님들이 심사를 하고 나는 그 앞에 앉아서 기다리는데, 잠시 후 심사위원들끼리 뭔가 열심히 떠들기 시작했다. 석사를 주기에는 아까우니 박사를 주자는 의견이 나왔던 것이다. 제일 먼저 의견을 낸 분은 야생생물학과 교수님이었고 생태학부의 데이비드 피어슨 교수님이 적극 지지하고 나섰다. 피어슨 교수님은 그전에 애리조나 사막에서 나를 조수로 쓰신 적이 있는데, 당신한테 와서 박사 과정을 밟으라는 말씀을 자주 하셨다. 나 역시 석사 과정이 끝나고 그분 제자로 가는 것을 염두에 두고 있었다.

"이렇게 연구를 많이 했는데 박사를 줘도 충분하지 않습니까?"

의견이 그렇게 모아지자 지도교수님인 김계중 선생님도 기분이 좋으신 모양이었다. 흡족한 표정으로 사무실 직원을 불러 내 성적표를 가져오게 했다. 박사 학위를 주려면 필수 과목을 다 이수한 상태여야 하므로 부족한 과목이 무엇인지 알아보기 위해서였다. 성적표를 보시더니 (내가 워낙 많은 과목을 들었기 때문에) 딱 한 과목, '해충구제학'만 들으면 박사 과정 수업까지 다 들은 셈이라고 하셨다. 위원회 선생님들은 내가 다음 학기에 해충구제학을 듣는 것으로 해서 박사 학위를 주자고 결정을 내렸다.

그런데 그 제안을 전해 들은 나는 안 된다고 딱 잘라 거절했다. 지금 생각하면 내가 얼마나 고지식했는지 기가 막힐 정도다. 하지만 그때는 그렇게밖에 생각할 수 없었다.

"왜 제게 박사 학위를 주시려는 겁니까?"

"자네가 하도 일을 잘해서 우리가 박사 학위를 주기로 결정한 걸세."

"아닙니다. 전 박사 학위 받을 생각이 없습니다. 이건 석사 학위 논문입니다."

대책 없이 엉뚱하고 앞뒤 꽉 막힌 내 젊은 날의 한 장면이다. 나이를 먹은 다음에는 지혜가 생겨 그런 증세가 많이 사라졌지만 그때만 해도 융통성이 많이 부족했던 것 같다. 셰익스피어가 그랬다던가. 나이가 든다는 것은 젊음과 지혜를 바꾸는 것이라고.

아무튼 아무도 예상하지 못했던 나의 반응에 위원회 선생님들은 놀란 표정을 지으셨다. 그중 한 분이 내게 물었다.

"남들은 학위를 하루라도 빨리 못 받아서 난리인데 왜 자네는 주겠다는 학위를 마다하는 건가? 이유나 좀 들어보세."

그 질문에 급기야 내 속마음을 그대로 말해버리는 지혜롭지 못한 행동을 하고 말았다. 솔직함이 아름다운 것만은 아니라는 사실을 말을 한 뒤에야 깨달았다.

"저는 기생충 연구로 박사가 되고 싶지 않습니다. 제가 하고 싶은 공부는 따로 있습니다. 이것으로 학위를 받으면 제가 생각한 공부를 못 할 것입니다."

그 말을 듣자 김계중 교수님은 노발대발하셨다. 석사 학위도 줄 수 없다고 소리치시더니 자리를 박차고 나가셨다. 좀 더 신중히 생각했다면 내 대답에 그분이 얼마나 기가 막히고 화가 날지 예상할 수 있었을 것이다. 그럼에도 그때 나는 내가 얼마나 심각한 말을 했는지 전혀 몰랐다.

분위기가 불편해지자 피어슨 교수님이 내게 잠깐 바깥으로 나가자고 했다. 우리는 복도 층계에 앉았다.

"선생님도 석사 끝나면 선생님 연구실로 오라고 하지 않았습니까? 선생님 일 같으면 계속 연구해서 박사 학위 받을 생각이 있습니다. 하지만 기생충 박사는 하기 싫습니다. 그러려고 여기 공부하러 온 게 아닙니다."

"와우, 무슨 생각인지는 잘 알겠네만, 자네는 도대체 융통성이라곤 없는 사람이야. 자네 혹시 내 박사논문이 무엇인지 모르는 건가?"

당연히 알고 있었다. 곤충 연구를 하시는 피어슨 교수님의 박사논문은 새 연구였다.

나의 꿈은 행복한 과학자

"기생충 연구로 박사 학위를 받았다고 평생 기생충 연구만 하는 게 아니라네. 학위라는 것은 그저 자격증일 뿐이야. 이 분야의 학자라는 인증인 거지. 그다음부터 자네가 무슨 연구를 하든 그것은 자네가 개척할 나름이라네."

그런데 이상하게도 나는 당시 교수님의 말씀을 무조건 밀어내고 있었다.

'이건 선생님이 나를 설득하기 위해 하시는 말씀일 거야. 사실은 아닐 거야. 어른들은 모두 음흉한 데가 있다니까.'

갑자기 이렇게 유치한 생각을 하면서 절대 고집을 꺾지 말아야겠다고 다짐까지 했다.

'평양 감사도 제가 싫다면 어쩔 수 없다'는 속담은 미국에서도 통하는 얘기였다. 본인이 싫다는데 어쩌겠는가? 위원회 선생님들은 석사 학위도 줄 수 없다는 김계중 교수님을 설득해 석사 학위를 주는 것으로 논문심사를 마무리했다.

그러나 논문심사가 마무리된 이후에도 김계중 교수님은 나를 용서하지 않으셨다. 오지도 말라고 하셨다. 나이 들어 생각해보니 그때 얼마나 서운했으면 그러셨을까 이해가 된다. 그러나 그때 나는 그동안 모시던 선생님이 나를 내치신 것만 서운해했다. 젊었기에 성숙하지 못했던 탓이다.

그래서 나 역시 서운한 마음을 잔뜩 안고 학부장님이신 테드 윌리엄즈 교수님 밑으로 일단 방을 옮겼다. 윌리엄즈 교수님은 수학 생태학을 하시는 분이다. 내게 수학 테스트를 하시더니 수학생태학을 하라고 권하셨다. 그런데 나는 그것도 거절했다. 그분은 내가 수학을 잘한다고 생각했고 테스트 결과도 그렇게 나왔다. 하지만 나 자신은 수학을 너무 싫어했기 때문에 그 분야에 몸바칠 생각이 전혀 없었다. 교수님은 나의 고집스러움을 답답해했다.

"수학생태학자가 엄청나게 필요한 상황이야. 자넨 할 수 있을 것 같은데 안타깝군. 어쨌거나 참 이해할 수 없는 사람이라니까."

나는 그때 잠자코 듣기만 했는데 마음속으론 이렇게 외치고 있었다.

'교수님, 저 고집 세요. 저도 잘 알아요. 우리나라에는 최 씨 고집이라는 말도 있어요. 저는 최 씨에다 곱슬머리라고요!'

나는 그때 오직 한 가지 생각뿐이었다. 학위를 빨리 따기 위한 공부가 아니라 진정으로 내가 하고 싶은 공부를 찾고 싶다는 생각. 수단이나 방법으로 선택하는 공부가 아니라 내 진심을 다 줄 수 있는 싶은 공부를 만나고 싶다는 생각뿐이었다.

수학생태학을 하라는 제안을 거절했을 뿐 아니라 1년 동안만 선생님 밑에서 준비한 다음 박사 과정은 다른 학교로 가서 공부하겠다는 의사까지 밝혔다. 그런데도 윌리엄즈 교수님은 나를 받아주셨고 더욱이 여러 가지 뒷바라지까지 해주셨다. 너무나도 고마

우신 분이다. 윌리엄즈 교수님은 내가 미시간대학에서 교수로 일할 때 비교적 연세도 많지 않은데 암으로 돌아가셨다고 한다. 당시는 연락을 받지 못해 가보지도 못했다. 나중에 소식을 전해 듣고 얼마나 울었는지 모른다.

박사 학위 소동이 있고 나서 1년 후 하버드대학으로 진로가 결정되었다. 펜실베이니아대학을 떠나기 전날 김계중 교수님을 찾아가 인사를 드렸다. 그때까지도 마음이 풀리지 않으셔서 어색한 분위기였지만 몇 년 후 우리는 다시 예전의 관계를 회복했다.

과학자의 서재

# 《이기적 유전자》가
# 나를 흔들어 놓았어

## 인생의 수수께끼를 말끔히 풀어준 책

유학을 떠나면서 내심 기대했던 〈동물의 왕국〉 장면과는 달리 나는 3년 동안 기생충 연구에 매달렸고, 공부하는 과목도 수학생태학과 같은 학술적인 분야가 많았다. 아프리카 평원에서 기린을 만나는 것과는 너무나 동떨어진 연구였다. 그래서 혹시 그 비슷한 수업이 없나 하고 이리저리 찾아보았다. 그러다가 우리로 치면 '축산학과' 같은 과에서 어떤 교수님이 사회생물학을 가르친다는 것을 알고 즉시 수강신청을 했다.

나의 꿈은 행복한 과학자

그때까지의
인생관, 가치관, 세계관을
하루아침에 바꿔준 놀라운 책,
《이기적 유전자》

그 수업시간에는《사회생물학》이라는 엄청나게 두꺼운 책을 주교재로 활용했다. 하버드대학에 계신 에드워드 윌슨 교수의 저서로서 사회생물학에 대해 일대 논쟁을 불러일으킨 유명한 책이라는 것을 나중에 알게 되었다. 그걸 몰랐을 때도 책을 읽는 내내 '세상에 이런 학문이 있구나' 하는 강렬한 느낌을 받았다.《사회생물학》은 1975년에 나온 책인데 그야말로 엄청난 반향을 몰고 왔다. 이 책 때문에 윌슨 교수님은 물세례까지 받았다고 한다.

그런데《사회생물학》을 읽으며 발견한 또 다른 책이 바로《이기적 유전자》다. 이미《사회생물학》을 읽으며 그 매력에 빠져들고 있었으므로 관련된 책들을 모두 읽어보고 싶었다. 우선 영국 옥스퍼드대학교의 리처드 도킨스 교수가 쓴《이기적 유전자》를 사서 읽었다.

세상을 살면서 한 권의 책 때문에 인생관, 가치관, 세계관이 하루아짐에 바뀌는 경험을 하는 이들이 과연 몇이나 될까? 대부분은 아마 단 한 번도 그런 짜릿한 경험을 못 하고 생을 마칠 것이다. 그런데 나는 《이기적 유전자》를 읽으면서 그런 엄청난 경험을 했다.

그 책을 읽을 때만 해도 나의 영어 실력이 그렇게 출중하지 못했다. 미국에 간 지 얼마 되지 않았을 때니까. 그럼에도 그 책을 손에서 내려놓지 못했다. 점심때부터 읽기 시작한 것이 다 읽고 난 뒤에 눈을 들어보니 날이 밝아오고 있었다. 밤을 새운 것이다.

나는 붕 떠 있는 기분을 느끼며 밖으로 나왔다. 해가 막 뜨려는 뿌연 새벽이었는데, 내 눈에 보이는 세상은 어제 점심 이전과 완전히 달랐다. 오랫동안 의문이었던 많은 문제가 서서히 답을 보여주는 듯했다.

《이기적 유전자》는 그야말로 유전자의 관점에서 이 세상 모든 것을 재해석하는 책이다. 나에게 삶을 바라보는 전혀 새로운 관점을 제시했다. 도킨스에 따르면 살아 숨 쉬는 우리는 사실 DNA의 '계획'에 따라 움직이는 기계일 뿐이다. DNA는 태초부터 지금까지 여러 다른 생명체의 몸을 빌려 끊임없이 그 명맥을 이어왔다. 도킨스는 그래서 DNA를 가리켜 '불멸의 나선'이라 부르고 그의 지령에 따라 움직일 수밖에 없는 모든 생명체를 '생존 기계'라 부른다.

나는 그날 그 새벽에 바라본 세상의 모습, 그 순간을 잊지 못한다. 그 순간부터 내 삶은 그전과 후로 완벽하게 갈라졌다. 그전에는 여러 가지 삶의 의문에 이렇게도 생각하고 저렇게도 생각하면서, 그때마다 다른 답을 내곤 했다. 그러던 것이 《이기적 유전자》를 읽고 난 그 새벽부터는 모든 것이 가지런해졌다. 한 길로 나란히 늘어선 것처럼. 그저 유전자의 관점에서 세상을 다시 분석하면 모든 것이 명쾌하게 설명되었다. 그때 느낀 희열은 말로 표현하기가 쉽지 않다.

그런데 바로 그런 점 때문에 오히려 깊은 고민에 빠지는 사람도 많다. 특히 사회과학을 하는 친구들이 그런 모양이었다. 그동안 공부해왔던 것들이 갑자기 와르르 무너지는 듯한 느낌을 받는다는 것이다.

"이 책이 말하듯이 세상을, 인간의 삶을 그렇게 설명해버리면 그동안 우리는 무얼 한 것입니까?"

나는 사실 사회과학을 정식으로 공부한 사람은 아니고 주워들은 수준밖에 되지 않으니 그들이 겪은 혼란이 어떤 것이고 어느 정도인지 정확히 알 수는 없다.

하지만 우리 대부분에게는 살아오면서 부딪히는 온갖 문제들에 대해 왜 그런지 알고 싶어하는 욕구가 있다. '도대체 뭘까? 왜 이런 현상이 벌어지는 것일까?'를 고민한다. 그것이 사회과학이며 지금까지 인류가 연구해온 사회과학적 결과물도 상당하다. 그렇지만 여전히 근원적인 답은 발견하지 못했다.

그런데 《이기적 유전자》를 읽고 난 다음에는 그 모든 문제가 하나의 줄로 연결되는 듯한 느낌이 들었다. 마치 내 몸속의 모든 핏줄이 하나로 쫙 몰려서 말끔히 씻겨 내려가듯 야릇한 기분이었다.

함께 공부하던 이들이 모두 나처럼 그 책에 열광한 것은 아니었다. 어렵다는 이들도 많았는데 나는 너무나 좋았다.

'아, 이제야 찾았구나. 내가 그동안 쇼펜하우어로 갔다가 동양사상에 빠졌다가, 혼자서 애를 쓰면서도 못 찾았던 답을 드디어 찾았구나.'

어려서부터 유난히 그런 의문에 사로잡혔던 나는 나름대로 여러 가지 방법을 찾곤 했었다. 재수 시절 니체니 쇼펜하우어니 하는 철학자들의 책을 파고든 것도 그 때문이었다. 어느 해 여름에는 일부러 걸어서 몇 군데 절을 찾아다니며 스님들과 이야기를 나눠보기도 했다. 삶 자체와 삶에서 만나는 근원적인 의문을 풀어보겠다고 까불어댔으며, 글 쓴답시고 원고지 붙들고 끙끙댄 것도 다 그 맥락이었다. 그런데 어느 날 갑자기 한 권의 책으로 모든 것이 설명되는 기분이었으니 얼마나 황홀했겠는가?

그런데 그 황홀함은 시간이 지나면서 좌절감으로 변하기 시작했다.

나의 꿈은 행복한 과학자

## 드디어 발견한 행복한 과학자의 길

처음에 읽었을 때는 답을 얻은 기분에 세상이 달라 보였는데, 그 단계가 지나니 시간이 지날수록 만사가 시시하게 여겨졌다.

'그래. 무엇 때문에 난 그렇게 애를 썼나? 저 사람은 무엇 때문에 저렇게 기를 쓰나? 모든 것이 유전자 때문인데, 유전자가 계획한 대로 움직이는 것뿐인데……'

이런 생각이 드니까 모든 것에서 맥이 풀렸다. 열심히 사는 것, 노력하는 것이 말짱 헛일이고 인생사 일장춘몽이라는 말이 떠올랐다.

'그럼, 지금 내가 사라져도 별것 아니겠네? 세상은 유전자 덕에 탈 없이 유지될 테니……'

내 인생에서 자살을 생각해본 유일한 시기가 그때였다. 나는 그 전에도 후에도 아무리 힘들어도 스스로 목숨을 끊는다는 생각을 해본 적이 없는 굉장히 긍정적인 사람이다. 그런데 당시는 그런 극단적인 생각마저 들었다. 책을 읽고 몇 달이 지난 시기였다. 그렇게 아무것도 할 수 없는 상태로 잠시 살았다. 하지만 다행히 방황이 길지는 않았고 재해석을 통해 세상의 의미를 정리했다.

'이러면 안 돼. 미국까지 공부하러 와서 드디어 내가 기다리던 기회까지 찾았고 이제 막 시동을 걸었잖아. 그 책이 말하려는 건

이게 아닐 거야.'

긍정적이고 낙천적인 성격 덕분에 금방 추스를 수 있었으며 새로운 가치관으로 세상을 보려고 노력했다. 그러면서 내가 할 일, 해야 할 일을 찾아가기로 마음먹었다.

가장 먼저 한 일은 학문적으로 더 깊이 이해하기 위해 그 책과 같은 주제를 다루는 책들을 닥치는 대로 읽은 것이다. 《이기적 유전자》가 나온 뒤에 그 아류의 책들이 나오기 시작했는데 무조건 다 읽었다. 그뿐 아니라 그 주제를 다루는 토론회가 있으면 모두 참여했다. 몇 년 동안 내가 토론한 주제는 오로지 《이기적 유전자》에서 다룬 주제와 비슷한 것뿐이었다. 그러다 보니 어느 순간부터 굉장히 편안해졌다.

지금도 나는 가끔 수업시간에 《이기적 유전자》를 이야기한다. 그런데 그러고 나면 책을 읽은 학생 중 두세 명 정도가 꼭 나를 찾아온다.

"이 책을 읽고 너무나 혼란스러워져서 어떻게 하면 좋을지 모르겠습니다. 좌절감이 너무나 큽니다."

그 말을 나는 이해한다. 나도 그랬으니까. '지금까지 나는 내가 알던 내가 아니구나. 내 안의 유전자가 나를 이렇게 하는구나.' 이런 생각을 자꾸 했었다.

그런 느낌을 겪어보았기 때문에 나는 이렇게 조언해준다.

나의 꿈은 행복한 과학자

"나도 얼마 동안은 그랬다. 하지만 계속 깊이 파고들다 보면 나름대로 정리가 될 것이다. 나도 죽으라 하고 파고들었더니 어느 순간 편안해졌다. 이게 포기를 뜻하는 염세적인 상황을 말하는 게 아니다. 너무 거창한 표현일 수도 있지만 불교에서 말하는 해탈과 비슷한 느낌이 들게 되었다. 그러니 조바심내지 말고 더 깊이 공부하고 생각해봐라."

해탈이라는 표현을 함부로 쓰면 안 되겠지만, 정말이지 나는 웬만한 일에는 초월한 느낌으로 산다. 분명히 포기는 아닌데 손을 다 놓고도 마음이 편안한 상태로 넘어가게 된 것이다.

'그래, 나는 아무것도 아니야. 지금 없어져도 세상에 아무런 변화를 일으킬 수 없는 그런 존재야. 그렇지만 그렇다고 해서 굳이 없어질 필요는 없다. 내가 존재하는 이유는 따로 있다. 이 세상에 태어났으니 나의 모든 상황에 온 힘을 다하고 즐기며 사는 것이다. 나에게 주어진 삶의 길을 아름답게 가면 된다.'

자칫하면 운명론자처럼 보일 위험이 있지만 운명론자와는 다르다. 내가 가야 할 길을 담담히, 최선을 다해 아름답게 가면 세상도 나도 의미 있는 존재가 된다고 생각한다. 그런데 내게 주어진 것보다 더 많은 무엇을 해보겠다고 욕심부리며 아등바등 살 필요는 없다. 내가 할 수 있고 해야 할 일들은 어떻게 보면 내 유전자가 나한테 허락한 범주 내에서의 일들이다. 그러므로 할 수 있다는 자신감을 갖고 최선을 다하면 내가 하고자 한 일을 모두 이룰 수 있다고 믿는다.

나는 지금도 《이기적 유전자》를 읽고 방황하는 사람들한테 항상 이렇게 말해준다.

"분명 어려울 수 있다. 혼란을 가져다줄 수도 있다. 하지만 미리 결론을 내지 말고 그냥 한 번 더 깊게 들어가 봐라. 달라지는 생각들을 피하지 말고, 관련된 것들을 더 읽고 더 생각해봐라. 어떻게 받아들이면 좋을까도 고민하지 말고 그냥 덤벼들어서 해봐라. 그러면 어느 순간 어떤 언덕을 넘어서는 듯한 느낌이 올 것이다. 좁은 동굴을 빠져나와 탁 트인 아름다운 들판을 내려다보는 그런 느낌. 뜻밖에 마음의 평정이 오는 것을 경험할 것이다."

2009년에 리처드 도킨스를 처음 만났을 때 내가 이런 말을 하자 그는 무척 진지하게 들었다. 그러더니 "그럴듯한 말이군요. 나도 다른 사람들에게 그렇게 이야기해줘도 되겠습니까?"라고 물었다. 나는 웃으면서 "특허 같은 걸로 잡아두지 않았으니 하고 싶으면 얼마든지 하세요"라고 답해주었다.

2~3년 전 어느 토론회에서 강단 밖 학자들의 연구모임 '수유+너머'의 주요 멤버인 고미숙 선생이 이런 말을 한 적이 있다.

"예전 학자들은 학문으로부터 무언가 깨달으면 그것이 삶이 되었어요. 그런데 어느 때부터인가 우리 시대의 학자들은 학문은 학문이고 삶은 삶이라고 보는 것 같아요."

그 말을 듣고 나는 이렇게 말했다.

"나는 그렇지 않은데. 나는 내 학문을 통해 삶이 바뀌었고, 학문이 실제로 내 삶이 되었어요."

고미숙 선생은 흥미를 보이면서 구체적으로 이야기해달라고 했다. 《이기적 유전자》를 읽고 난 뒤 겪은 나의 변화와 현재 살아가고 있는 태도를 이야기해주었더니, "최재천 선생님은 너무나도 행복한 학자네요"라고 했다.

나는 특별한 사람은 아니다. 하지만 하고 싶은 학문을 하면서 그 학문을 통해 깨달은 대로 살아가고, 그 삶에서 행복과 만족을 느끼고 있다. 단적으로 표현하자면 삶의 모든 부분에서 무척 여유로워졌고 무슨 일을 하든 초조해하지 않는다. 그냥 내가 할 수 있는 일을 다한 다음에는 마음을 편히 먹고 살아간다. 이제야 드디어 삶을 즐길 줄 알게 된 것이다.

그전에는 삶을 즐기지 못했다. 남의 눈에는 꽤 재미있는 삶을 산 것처럼 보일 수도 있겠지만 정작 내 생각은 달랐다. 무엇을 하든 초조해하고 더 잘해야 한다는 생각에 갇혀 살았다. 하지만 《이기적 유전자》를 읽은 후로는 관점이 바뀌었다.

지금은 오히려 남이 볼 때 그다지 즐기는 삶처럼 보이지 않을지도 모르겠다. 하지만 나는 충분히 즐기며 만족스럽게 살고 있다.

하고 싶은 일을 하면서, 그것의 한계도 동시에 받아들이면서 말이다. 뜻밖의 성공이 와도 그로 말미암아 크게 흔들리는 일 없이 "좋네" 하는 정도의 반응을 보인다. 옆에서 보는 사람은 내가 무척 재미없는 사람이 되었다고 생각할 수도 있을 것이다.

그러나 나 스스로는 충분히 만족하고 있으며 행복하다. 왜냐하면 나는 내 삶에 대해서 별로 불만이 없기 때문이다. 앞으로의 삶에 대해서도 마찬가지일 것 같다. 왜냐하면 내 삶의 테두리를 미리 대충 그어놨기 때문이다. 거기서 벗어날 것 같지도 않고 그 안에 있다고 해서 슬플 것도 하나 없다고 느낀다.

여기 이르기까지 가장 큰 영향을 준 책이 《이기적 유전자》와 《사회생물학》이었다. 이 두 권의 책 덕분에 학문적으로 내가 걸어가야 할 길이 정해졌을 뿐만 아니라 나의 개인적 삶의 태도에도 명확한 기준이 생겼다.

# 행복한 과학자가 되려면
# '글쓰기'가 필요해

**제대로 된 글쓰기 훈련은 영어로 처음 받았어**

몇 권의 책을 썼고 언론매체로부터 서평을 비롯한 원고 청탁도 받곤 하지만, 내가 글을 아주 잘 쓴다고 생각하지는 않는다. 다만 내 생각을 남들에게 이해시킬 수 있는 정도의 쓰기 능력은 갖추었다고 본다.

　독서는 초등학교 때부터 남 못지않게 했다. 그런데 정작 글쓰기를 배운 것은 미국 유학 시절이었다. 물론 시인이 꿈이었던 터라 언제나 시랍시고 긁적이고 메모 같은 것을 잘하는 편이긴 했다. 그런데 정확한 글쓰기 공부를 한 것은 미국에서, 그것도 모국어가 아닌 영어로 했다고 보는 게 옳을 것이다.

미국 교육은 우리와는 다른 방식으로 이뤄진다. 어느 수업이건 거의 예외 없이 논문 형식의 리포트를 작성해야 한다. 미국에 가자마자 논문이라는 것을 처음 쓰게 되었는데, 더욱이 영어로 써야 해서 무척 힘들었다. 그래도 열심히 썼다. 그때 나를 도와주던 피터 애들러라는 친구가 있었는데 펜실베이니아 주립대학의 같은 연구실에서 만나 단짝이 되었다. 피터는 나뿐 아니라 다른 유학생들에게도 영어를 참 잘 가르쳐주었다.

미국인이라고 해서 다 글을 잘 쓰고, 다른 사람의 글을 고쳐주는 능력을 갖춘 것은 아니다. 그런데 피터는 그 두 가지 재능을 겸비한 친구였다. 피터는 내가 쓴 논문을 보여주면 참으로 친절하게 하나하나 짚어가며 잘 고쳐주었다. 그게 얼마나 도움이 되었던지……. 지금 피터는 클렘슨대학의 간판 교수로 인정받는 대단한 교수가 되었다.

내 딴엔 며칠을 끙끙대며 최선을 다해 썼지만 피터의 손길을 거치면 글이 확 달라졌다. 나처럼 고심하지 않고 약간만 손보는 것 같은데도 큰 차이가 났다. 그래서 논문을 내기 전에는 항상 피터에게 먼저 보여주어 수정하였다.

그러던 어느 날이었다. 그날도 내가 쓴 논문을 보여주었는데,

그가 다짜고짜 스테이플러를 뜯어내더니 제일 뒷장을 앞으로 놓고 다시 스테이플러를 꽉 찍어서 돌려주었다. 어리둥절한 표정을 짓고 있는 나에게 그가 말했다.

"넌 이제 문장 하나하나는 잘 써. 고쳐줄 것이 별로 없거든. 그런데 내가 그렇게 얘길 했는데도 안 고치는 게 하나 있어. 왜 결론부터 이야기하라는데 매번 이렇게 맨 뒤에다 두는 거야?"

피터가 그 말을 늘 하긴 했었다. 하지만 결론부터 쓰는 방법은 내게 익숙한 글쓰기가 아니었다. 그러니까 나는 과학적인 글쓰기를 한 것이 아니라 여전히 문학적인 글쓰기를 한 것이다. 추리소설에서 결론부터 이야기하면 안 되듯이 나는 늘 모든 정황을 묘사부터 하고 나중에 결론을 이끌어냈다. 그런데 그런 글쓰기는 방만해지기 쉽고 목표를 잃기도 쉬우며 우왕좌왕하게 된다는 것이 피터의 설명이다.

소설이 아니라 과학논문을 쓰는 것이니 피터의 말이 맞다. 오죽하면 앞에 요약문이 따로 있겠는가? 그만큼 결론이 중요하고 그 결론을 증명해나가는 게 관건이다.

"네가 쓰는 것은 과학논문이야. 근데 넌 항상 결론을 끝에 쓴다고. 이제 이것만 고치면 네 논문은 A감이야."

피터와의 대화를 통해 우리글과 영어의 차이를 다시 한 번 깨닫게 되었다. 그런데 그 차이점을 극복하기가 쉽지 않았다. 예를 들

펜실베이니아 주립대학 시절
단짝이자 나의 글쓰기
선생님이 되어주었던
피터와 함께.

어 우리는 '나는 우체국 앞 버스정류장에서 버스를 타고 학교에 갔다'라고 쓰자만, 영어에서는 '나는 학교에 갔다. 버스를 타고, 우체국 앞 버스정류장에서'하는 식으로 쓴다. 이 문장에서 제일 중요한 '나는 학교에 갔다'라는 사실을 제일 먼저 쓰는 것이다. 그러니까 우리글은 글 자체가 문학적인 면이 강하고 영어는 보고서처럼 논문적인 경향이 강하다.

　피터가 내 글을 볼 때마다 그 점을 지적해주었는데도 나는 쉽게 고치지 못했다. 하고 싶은 이야기부터 해버리고 나면 뒤에 쓸 말이 없었다. 그런데 그날 피터의 결정적인 충고를 접하고 난 뒤, '이렇게 쓰지 않으면 내가 이 나라에서 살아남을 수가 없겠구나' 하는 생각이 들었다. 그때부터 작정하고 영어식 글쓰기에 집중했다. 정말 노력을 많이 했다.

　나의 꿈은 행복한 과학자

나의 글쓰기 능력을 키워준 사람이 한 명 더 있다. 펜실베이니아 주립대학에서 수강한 '테크니컬 라이팅'이라는 코스의 로버트 위버 교수다. 요즘 우리나라에도 글쓰기 교육이 열풍을 일으키고 있는 것 같다. 그런데 나는 약간의 문제가 있다고 생각한다. 모두를 문학가로 만들려는 듯한 방식이기 때문이다. 그런 것보다는 기본적으로 기안이나 보고서 작성을 위한 글쓰기를 가르쳐야 한다. 그것이 바로 테크니컬 라이팅, 우리말로 하자면 기술적 글쓰기다.

테크니컬 라이팅 수업은 주로 대학원생이나 논문을 쓰던 유학생들이 들었다. 담당교수였던 로버트 위버 교수님은 참 재미있는 분이셨다. 그 수업은 학생들이 써오는 글을 교재로 했기 때문에 매주 꼬박꼬박 글을 써 가야 했다. 그런데 교재를 선정하는 방식이 파격적이었다. 열 몇 명의 수강생이 써온 글을 제출하면 교수님은 그중 손에 집히는 대로 하나를 골라 교재로 사용했다. 어떤 때는 논문들을 공중으로 휙 던져서 잡히는 것을 선택하기도 했다. 그러고는 조교에게 시켜 학생 수만큼 복사해서 나눠주도록 했다. 자기 글이 걸리는 날에는 망신살을 각오해야 했다. 조목조목 비판하는 것으로 수업이 진행되기 때문이다. 그렇게 한 달 정도 지난 어느 날 수업이 끝나 교실을 빠져나가려는데 위버 교수님이 나를 부르셨다. 무슨 일인가 하고 다가갔더니 대뜸 물으셨다.

"자네, 혹시 시인이 되려 하지 않았었나?"

나는 깜짝 놀라서 되물었다.

"그렇긴 한데……, 어떻게 아셨습니까?"

"시인처럼 쓰느라고 애를 쓰는 게 보이거든."

어안이 벙벙해서 아무 말도 하지 못하고 머리를 긁적이고 있는데 교수님이 덧붙이셨다.

"자네는 나랑 따로 수업하세."

그야말로 내게 행운의 여신이 찾아온 것이다.


## 개인 교습으로 탄탄해진 테크니컬 라이팅

그때부터 수업에는 참가하지 않고 위버 교수님의 개인 교습을 받았다. 난 무슨 글이든 쓰기만 하면 선생님께 전화한 뒤 찾아갔다. 위버 교수님은 다른 교수님들과는 달리 일상적인 태도 자체가 무척 여유로운 분이셨다. 내가 찾아갈 때마다 대개 창가의 긴 소파에 누워 책을 보고 계셨다.

나를 보면 첫 마디가 "뭐 써 왔나? 읽어보게"였고, 내가 한 문장을 읽고 나면 물으셨다.

"마음에 들어?"

"마음에 들면 제가 왜 왔겠어요?"

나의 꿈은 행복한 과학자

"왜 마음에 안 드는데?"

"전 이렇게 저렇게 쓰고 싶었는데……."

나는 머릿속의 이런저런 생각을 이야기한다. 그러면 선생님이 말했다.

"그래, 그렇게 써. 그럼 되겠군."

"제가 말한 대로 쓰라고요?"

"응, 그래. 써보게."

그러면 그 자리에서 바로 써야 했다. 그러고 나면 또 같은 과정이 반복되었다.

"마음에 들어?"

"아니, 이것도 아닌데요?"

"그러면 뭐라고 쓰고 싶은데?"

내가 또 이야기를 하고, 그런 후에 다시 글을 쓰고, 수정한 걸 읽고 나서 질문을 받고. 그렇게 몇 번 하고 나면 마음에 드는 글이 완성되었다. 한 문장 한 문장을 그런 식으로 다듬어간 것이다.

그런 만남이 이어질수록 나의 글이 좋아지고 있음을 발견했다. 너무나 좋았다. 지금도 나는 글을 쓰고 나면 항상 큰 소리로 읽어본다. 그리고 내 귀에 부드럽게 들어오지 않으면 그 문장은 무조건 그어버리고 다시 쓴다. 편안하고 자연스럽게 리듬을 타고 굴러갈 때까지. 불편하게 읽히는 것이 아니라 그냥 술술 읽히는 문장이 될 때까지 다시 쓴다. 신문에 원고지 열 매짜리를 보낼 때도 수십 번을 고쳐 쓴다. 소리 내어 읽었을 때 거침없이 읽혀야 좋은 글이라는 것을 위버 교수님께 배웠기 때문이다.

위버 교수님께 그렇게 한 학기를 배운 다음에도 인연은 계속 이어졌다. 그리고 얼마 후 내가 박사 학위를 하러 다른 대학들에 지원할 때 교수님께 추천서를 부탁했다. 한국에서 본 영어시험보다 미국에서 본 영어시험 점수가 두 배나 높아지긴 했다. 하지만 미국 아이들에 비하면 여전히 뒤처질 테니 걱정이 된 것이다. 교수님은 선뜻 그러마고 하셨고, 며칠 뒤에 추천서 다 썼다고 전화가 왔다.

노크를 하고 사무실에 들어가니 그날은 소파에 계시지 않고 내가 주로 앉았던 딱딱한 의자에 앉아서 나를 기다리고 계셨다. 선생님은 내게 그 소파에 누우라고 하셨다. 그제야 '아, 오늘은 역할을 바꾸는 거구나' 하는 생각이 들어 말씀대로 따랐다. 본래 추천서는 안 보여주는 것인데, 위버 교수님은 추천서조차도 나를 가르치는 기회로 만든 것이다.

"내가 읽어볼 테니 잘 들어보게."

그러고는 추천서를 읽기 시작하셨다. 한 문장 읽고 나신 뒤 나를 바라보시기에 "마음에 드세요?"라고 내가 물었다. 그랬더니 "아니, 내가 사실은 이걸 이렇게 쓰려고 했는데……"라고 대답하셨다. 나는 "그러면 그렇게 쓰세요"라고 말했다.

나의 꿈은 행복한 과학자

그날은 역할을 완전히 바꾼 것이다. 그리하여 위버 교수님과 나의 합작으로 추천서가 완성되었다. 그런데 그 추천서의 한 문장만은 내가 절대 건드릴 수가 없었다. 아니 건드리고 싶지 않았다.

'이 친구는 정확성과 경제성과 우아함을 갖추고 글을 쓴다.'

그 문장을 듣는 순간 다리에 힘이 쫙 풀렸다. 세상에 글을 쓰면서 그보다 더 기막힌 찬사를 받을 수는 없을 것이다! 정확하게, 군더더기 없이 할 말만 할 뿐 아니라, 우아하기까지 하다니. 난 그 말이 무척 고맙고 좋았다.

위버 교수님 덕에 나의 글 솜씨는 일취월장하였고, 그 글 솜씨는 좋은 대학에 가는 데도 한몫 톡톡히 하였다.

그런데 귀국한 다음에는 그토록 노력한 글쓰기 훈련이 큰 도움이 되지 않는 것이었다. 1994년에 서울대학교 교수로 일하게 되었을 때 한 출판사로부터 잡지에 원고를 써달라는 요청을 받았다. 그런데 이게 웬일인가, 세 줄 쓰고는 더 쓸 수가 없었다. 아무리 해도 글이 안 나오기에 출판사에 연락을 했다. 그런데도 꼭 써달라는 통에 그 숙제를 다시 껴안고 말았다. 그러고는 5일을 밤을 새우다시피 해서 겨우 썼다. 기껏해야 원고지 20~30매 정도였는데 말이다. 그리고 다시는 이런 일을 하지 않겠다고 결심했지만, 내 뜻과 달리 원고 청탁은 계속 들어왔고 거절하기 어려운 때가 많았다. 나는 그때마다 끙끙대며 글을 썼다.

그나마 지금만큼 쓰기까지는 상당히 오래 걸렸고 고생도 많이 했다. 그 이유를 곰곰 생각해보고는 문학적 글쓰기와 과학적 글쓰기 사이에서 갈피를 잡지 못해 그렇다는 걸 알게 됐다. 미국으로 갔을 때는 문학적 글쓰기가 나를 힘들게 했는데, 이제는 미국에서 공들여 갈고 닦은 과학적 글쓰기가 걸림돌이 됐다. 청탁이 들어오는 잡지나 신문 등의 원고는 주로 에세이에 속했기 때문이다.

하지만 이제 나 나름대로 길을 찾긴 찾았으며, 나의 스타일대로 지난 십 몇 년 동안 글을 써오고 있다. 이런 이야기를 들은 한 신문 기자가 이런 말을 했다.

"이건 특종인데요. '최재천 교수는 글을 잘 쓰는 것이 아니라 치열하게 쓴다'가 되는 겁니까?"

그 말이 맞다. 나는 아직도 글을 잘 쓰는 게 아니라 몇 번이나 고쳐가면서 치열하게 쓴다. 그런 과정을 거쳐서 어느 정도 문학적 글쓰기로 돌아왔지만, 지금도 전형적인 한국 작가들의 글과는 다른 것 같다. 솔직히 유학 가기 전의 내 글과도 다르다. 어떻게 보면 불안한 글일 수도 있다. 정확하게 문학적 글쓰기도 아니고 과학적 글쓰기도 아닌, 양쪽 진영에 엉거주춤 걸쳐 있는 글이기 때문이다. 그래도 괜찮다고 해주시는 분들의 격려 덕분에 열심히 쓰고 있다. 행복한 과학자가 되기 위해선 좀 '써야' 하기 때문이다.

# 거장 중의 거장,
# 윌슨 박사의 제자가 되었어

**기회를 만드는 데는 용기가 필요한 법이야**

펜실베이니아 주립대학에서 석사논문을 쓰던 시절 지금의 아내를 만났다. 당시 한국에서 유학 온 사람들끼리 가진 모임에서였다. 아내는 음악을 공부하고 있었는데, 내가 음악을 좋아했기 때문에 자연스레 관심이 더 갔다. 인연이 있었는지 서로 마음이 끌려 사귀게 되었고 결혼까지 했다.

추수감사절을 이용해 한국에 잠시 들러 결혼식을 올린 뒤 다시 학교로 돌아왔다. 그리고 1년이 지나 첫 결혼기념일이 되었다. 아내를 기쁘게 해주고 싶었는데 그런 부분에 약한 터라 고민만 하고 있었다. 그러던 중에 기가 막힌 아이디어가 떠올랐다. 아내도 만족하고, 내게도 좋은 기회가 될 만한 일을 생각해낸 것이다.

"이번 결혼기념일 기념으로 보스턴에 가는 거 어때?"

음악을 하는 아내는 보스턴을 항상 가보고 싶어했다. 그리고 나로서는 사회생물학의 거장인 에드워드 윌슨 교수를 만나보고 싶다는 속셈이 있었다. 나의 속셈까지 알 리 없는 아내는 예상한 것보다 훨씬 더 좋아했다.

나는 우선 윌슨 선생님께 편지를 쓰기로 했다. 워낙 바쁘신 분이라 무턱대고 찾아갔다간 뒷모습도 보기 힘들 게 분명했다. 편지를 쓴 다음 이번에도 피터에게 보여주었다. 그런데 피터는 편지를 살펴보기는커녕 의아스럽다는 얼굴로 물었다.

"어떻게 감히 윌슨 선생님을 만나겠다는 생각을 할 수 있어?"

"안 되더라도 시도는 해봐야지. 너도 늘 그랬잖아. 미국에서는 시도해보기 전에는 절대 모른다고."

피터는 참 겁도 없는 녀석이라는 표정으로 나를 바라보다가 편지를 봐주었다. 난 피터가 고쳐준 편지를 윌슨 교수에게 보냈다.

얼마 후 답장이 왔다. 한번 만나보겠다며 만날 날짜를 알려주는 내용이었다. 내가 그 답장을 보여주었을 때 놀라움을 감추지 못하던 피터의 표정을 지금도 잊지 못한다. 그저 열심히 공부하고 일하

나의 꿈은 행복한 과학자

는 것밖에 모르는 얌전한 한국 촌놈이라고 생각했는데 뜻밖에 용감하기까지 하다는 것이다.

보스턴까지 직접 차를 몰고 가서 MIT에 다니는 아내 사촌 집에서 하루 머물고 이튿날 하버드대학에 갔다. 두 시간 정도 걸릴 것이라 아내에게 말하고 혼자 길을 나섰다. 물론 전날에도 전화를 드렸고 약속시간보다 일찍 도착해서 연구실을 확인한 뒤 기다렸다. 그리고 약속시간 3분 전에 연구실 문을 노크했다.

윌슨 교수님이 직접 문을 열어주었다. 그 거장은 사진에서 본 것보다 훨씬 따뜻한 표정이었고 마치 목사님처럼 다정한 목소리의 소유자였다.

"어서 오세요. 여기 앉으세요."

나는 조금은 긴장한 채로 선생님이 가리키는 의자에 앉았다.

"그런데 미안하지만, 갑자기 교수회의가 생겨서 얘기할 수 있는 시간이 15분밖에 없습니다."

따뜻한 표정과는 어울리지 않게 앞뒤 없는 통고식의 냉정한 말이었다. 실망스러웠고 불합리하다는 느낌도 들었지만 애써 밝은 표정으로 고개를 끄덕였다.

서로 간단한 소개가 오간 뒤 교수님은 어디서 영어를 배웠느냐고 물으셨다. 미국 온 지 몇 년밖에 안 됐는데도 내 영어 실력이 상당하다는 것이다.

"미국 땅을 밟자마자 이곳에서 성공하려면 무엇보다도 먼저 말을 제대로 해야겠다고 생각했습니다. 그래서 어떤 의미에서는 전공 공부보다도 영어 공부를 더 열심히 했습니다."

내 대답이 끝나자 북한 문제에 대해 질문을 하셨다. 좀 의외의 질문이었지만 간단하게 내 생각을 말씀드렸다. 나는 탁자 아래서 손목시계를 보면서 대답을 했는데 벌써 시간이 13분이나 지나 있었다. 순간, 이렇게 물러날 수는 없다는 생각이 들었다. 나는 목소리를 가다듬고 용기를 내어 이렇게 말했다.

"윌슨 선생님. 대단히 죄송하지만 저는 어제도 오늘 약속 때문에 전화를 드렸습니다. 만약 오늘 15분밖에 시간을 못 내실 상황이라면 그때 말씀해주셨어야 하지 않습니까? 갑자기 그런 말씀을 하시는 것은 매우 불공평하다고 생각합니다. 그렇지만 어쨌든 제게 남은 시간은 이제 2분뿐입니다. 이제 선생님 질문에 대답하는 것보다 제가 선생님을 찾아온 이유를 설명할 기회를 주십시오."

윌슨 선생님 얼굴에 살짝 당황함과 어이없음이 스치는 것이 보였다.

"그럼, 이야기해보세요."

나는 사실 윌슨 선생님께 할 이야기를 신중하게 준비해 갔었다. 그렇게 중요한 자리인데 내가 아무런 준비도 하지 않았을 리가 있겠는가? 윌슨 교수는 그야말로 수백 편의 논문과 수많은 책을 쓴

나의 꿈은 행복한 과학자

학자다. 그런데 그분의 첫 논문이 민벌레에 대한 것이라는 사실은 널리 알려져 있지 않았다. 앨라배마대학의 학부생일 때 쓴 것인데, 그 사실을 알고 있었기에 나는 단도직입적으로 이렇게 말했다.

"저는 박사 학위 연구주제로 민벌레의 사회성 진화를 택하려고 마음먹고 있습니다."

예상했던 대로 그 말을 들은 교수님의 반응은 급변했다. 자리에서 일어나 캐비닛을 열고 무엇인가를 찾더니 누렇게 변한 종이뭉치를 들고 와 내게 물으셨다.

"혹시 내가 민벌레에 대한 논문을 썼다는 걸 알고 있었습니까?"

"네, 민벌레를 연구하고 싶어 관련 자료를 찾다가 알게 되었습니다."

윌슨 선생님은 그때부터 흥분을 감추지 않았다. 나는 실제로 박사 과정에 민벌레를 연구하려고 기획하고 있었다. 개미나 벌에 대한 연구는 많이 진행되어 있지만, 흰개미가 어떻게 사회적인 곤충이 되었나에 대해서는 별다른 이론이 없던 시절이었다. 그래서 나는 흰개미 연구를 하기 위해 그 사촌격인 민벌레를 연구하겠다고 결심하고 민벌레를 좀 길러보기도 했었다.

결국 그날 윌슨 교수님과 나는 두 시간 동안이나 이야기를 나누었다. 애초에 교수회의란 건 있지도 않았다. 나중에 안 사실이지만 윌슨 선생님은 워낙 시간이 부족하기 때문에 자신을 만나러 오는 사람에게 일단 15분만 허락한다고 했다. 그 15분 동안 자신의 시간을 투자할 가치가 있는지 없는지를 판단한다는 것이다.


## 사람은 사람으로 말미암아 사람이 된다지?


윌슨 선생님과 이야기가 진행될수록 나는 내가 그의 제자가 될 것임을 확신할 수 있었다.

물론 그러고 난 후에도 하버드에 서류를 내던 시점에는 그곳에서 박사 과정을 밟기로 확정한 것은 아니었다. 사실 내가 가고 싶었던 대학은 미시간대학이었다. 스승으로 모시고 싶은 해밀턴 교수님이 계셨기 때문이다. 해밀턴 교수는 다윈 이래 가장 훌륭한 생물학자로 추앙받는 분이다. 일찍이 다윈도 풀지 못한 자기희생 또는 이타주의의 진화를 혈연선택의 개념으로 설명해낸 분이다. 이 개념은 도킨스의 《이기적 유전자》에 소개되어 학자들은 물론이고 일반인들에게도 널리 알려졌다. 해밀턴 이전의 세상 사람들은 일벌이나 일개미들이 보이는 극도의 이타주의를 개체 수준에서만 바라보았다. 그러니 왜 스스로 번식을 포기하고 여왕을 위해 평생 일만 하는지 알 수 없었던 것이다.

그런데 해밀턴 교수가 유전자의 눈으로 세상을 바라보게 해준 것이다. 해밀턴 교수는 그런 내용을 주로 수학적 논문을 통해 발표했고, 리처드 도킨스가 그 내용을 일반인도 알아듣게끔 말로 풀어서 쓴 책이 바로 《이기적 유전자》라고 할 수 있다. 때문에 세상에는 도킨스가 더 많이 알려졌지만, 그 아이디어는 해밀턴 교수에게서 가져온 것이라고 해도 과언이 아니다. 이는 도킨스 본인도 인정하는 사실이다. 또한 윌슨 교수가 쓴 《사회생물학》의 기본적인 이론 골격도 바로 해밀턴 교수의 이론에 바탕을 두고 있다.

혈연선택 개념의 핵심은 자신과 유전자를 공유하는 다른 개체들, 즉 친족들을 도와 그들로 하여금 좀 더 번식할 수 있게 하면 자신의 유전자 일부가 후세에 간접적으로나마 전달될 수 있다는 것이다. 어차피 후세에 전달되는 것은 내 몸이 아니라 유전자이고 보면 개체에는 불리한 것처럼 보이더라도 유전자에 유리한 형질이므로 그 방향으로 진화해왔다는 내용이다. 해밀턴 선생님의 이론을 접하는 순간, 나는 어린 시절부터 품어온 삶의 많은 의문이 하루아침에 실타래 풀리듯 술술 풀려나가는 짜릿한 경험을 했다. 말하자면 솔제니친의 의문에 결정적 단서를 제공한 사람이 바로 해밀턴이다.

그런 이유로 해밀턴 교수님 밑에서 박사 논문을 쓰고 싶다는 생각을 했다. 하지만 사정이 생겨 결국 하버드로 오게 된 것이다. 물론 하버드에서 공부한 것을 후회한 적은 없었다. 오히려 하버드로 말미암아 내가 누린 혜택은 너무나 많다. 만약 처음 계획대로 미시간대학에서 박사 학위를 받았다면 상황은 지금과 많이 달라졌을 것이다. 갖춘 것 이상으로 대접받고 있는 내 버거운 행운 뒤에는 늘 하버드라는 이름이 버티고 있음을 잘 알고 있다.

어쨌든 1983년 여름 내가 하버드대학에 둥지를 튼 첫날, 나는 제일 먼저 조지 에드먼즈 선생님께 편지를 썼다. 예전에 그분이 내게 유학을 권하며 적어준 학교 리스트 맨 위에는 '1. 하버드대학-에드워드 윌슨 교수'라고 적혀 있었다. 그렇게 적어주시면서도 내가 설마 하버드를 갈 수 있을까 싶어 부담 갖지 말라는 말씀까지 하셨었다. 그런데 정말로 내가 하버드에서 윌슨 선생님 제자가 되어 공부하게 되었으니, 제일 먼저 에드먼즈 교수님께 감사의 편지를 쓴 것이다.

당시 미국 보통우편은 대개 이틀이 걸렸다. 정확하게 이틀 후에 내 연구실 전화가 울렸고, 전화 저편에는 마치 자신의 일인 양 반가워하는 에드먼즈 선생님이 계셨다.

그해 겨울 미국 곤충학회에서 에드먼즈 선생님과 재회했다. 선생님은 그 큰 손으로 내 손을 꼭 거머쥐신 채 온 학회장을 돌며 나를 당신의 지인들에게 일일이 소개하셨다.

"이 친구가 내가 옛날에 한국 가서 만났던 친구지. 지금 윌슨의 제자야."

마치 당신의 아들이라도 되는 것처럼 자랑스럽게 나를 소개하셨다.

'사람은 사람으로 말미암아 사람이 된다'는 말이 있다. 오늘의 나를 학자답게 만든 것은 에드먼즈 선생님과 윌슨 선생님 그 두 스승님이었다는 사실을 나는 잘 알고 있다.

# 좋아하는 것을 하고 살려면
# 지혜로워야 해

## 하버드 학생들에게 배운 지혜

하버드에서 박사 과정을 밟던 시절에는 기숙사 사감 일을 하면서 생활비를 충당했다. 사감의 가장 중요한 임무는 학생들을 보살피는 것이다. 매년 여덟 명에서 열두 명 정도의 학생들을 보살펴야 했다. 그 아이들을 늘 살펴보다가 고민에 빠져 있거나 문제가 있어 보이면 자연스럽게 대화할 수 있는 자리를 만든다. 학생이 문제점을 털어놓으면 힘닿는 대로 도와주고, 털어놓지 않을 땐 농구라도 한 게임 하면서 잠시 몸과 마음을 편히 놓아주게 한다. 하버드가 세상에서 잘났다는 놈들만 모인 곳인데 자살하는 아이들이 상대적으로 적은 이유는 이처럼 늘 누군가가 뒤에서 돌보고 있기 때문이라 생각한다.

그런데 나는 사감 시절에 내가 학생들을 도와준 것보다 도리어 받은 것이 더 많다고 생각한다. 하루에 열 몇 가지 일을 하면서 공부도 열심히 하며 살아가는 그 아이들을 보고 정말 많은 것을 배웠다. 운동, 실험, 학생회 활동, 외부 봉사활동까지 하면서도 공부를 소홀히 하지 않는 모습을 나는 7년 동안이나 일상적으로 지켜보았다. 그러면서 나도 내게 주어진 일들을 어떻게 해나가야 효율적으로 할 수 있을지 방법을 알게 되었다.

그중 가장 중요한 것은 바로 '해야 할 일을 미리 한다'는 것이었다. 그때부터 나는 '미리 한다'는 생활습관을 지키며 오늘날까지 왔다. 내가 혹 성공적으로 살았다면, 그리고 거기에 비결이라 할 만한 게 있다면 바로 이것이다. '미리 한다'는 것.

일에는 어떤 것이든 마감이 있다. 난 그 마감보다 앞당겨 일을 한다. 예를 들어 나는 신문사 등에서 요청한 원고를 제출할 때 마감일보다 훨씬 빨리 주는 사람으로 유명하다. 마감이 다 되어 발등에 떨어진 불을 끄는 심정으로 하는 게 아니라 다음 주 일을 이번 주에 미리 당겨서 해놓는다. 그러면 쫓길 이유가 없고 당연히 일의 질적 완성도도 높아진다. 나는 화요일까지 원고를 넘기기로 했다면 그 앞 주 금요일쯤이 마감일이라고 나 자신에게 인지시킨다. 그런 훈련도 자꾸 하면 습관이 되어 몸에 밴다. 머릿속 날짜를 고려해서 미리 쓴 다음, 그때부터 계속 고쳐서 금요일에 보내준다.

세상 모든 일을 그렇게 한다. 나도 꽤 많은 일을 하고 사는 사람 중의 하나인데 이 습관 덕분에 비교적 허덕거리지 않고 여러 가지 일을 소화해내고 있다. 그것은 하버드에서 사감을 하면서 학생들이 사는 모습을 살펴보다 알아낸 비밀이다. 또한 그들에게 받은 소중한 선물이기도 하다. 시간 관리는 곧 인생을 지혜롭게 사는 것과 직결되는 문제라는 사실을 깨달았으니까.


## 내 롤모델은 아마 타잔이었나 봐


귀국한 이후 대학교에서 학생들 가르치는 것 외에도 여기저기서 강의 요청이 들어온다. 그래서 가끔 외부 강의를 다니는데 고등학교에 가서 강의할 때도 있다. 그럴 때면 나는 강의 시작 전에 타잔 사진을 걸어놓는다. 대개는 학생들이 사진을 보자마자 와 하고 환성을 지르며 웃어댄다. 〈타잔〉이라는 텔레비전 드라마를 보고 자란 세대도 아닌데 타잔은 아나 보다.

내가 중학교 때였는데, 무슨 수업시간이었는지 기억나지 않지만 존경하는 위인을 적어내라는 선생님의 말씀에 '타잔'이라고 써냈다가 맞은 적이 있다. 사실 당시에는 장난기도 조금 섞여 있었지만 완전히 장난만은 아니었다. 물론 그전에는 '슈바이처' 등을 적었지만 말이다. 선생님이 "타잔이 뭐야? 지금 장난치는 거냐?"라고 물었을 때 "아닙니다. 전 정말로 타잔을 존경합니다"라고 대답하는 바람에 엎드려뻗쳐 상태로 엉덩이를 흠씬 맞았다.

정말이지 장난만은 아니었다. 당시 나는 〈타잔〉이라는 드라마를 무지하게 좋아해서 그 시간만 되면 텔레비전이 있는 집에 찾아갔다. 우리 집에는 텔레비전이 없었기 때문이다. 하필 그 시간이 저녁식사 때라 곤란하긴 했지만 얼굴에 철판을 깔고 그냥 버텼다. 오직 타잔을 보겠다는 일념이었다. 그 집 아저씨가 "너 집에 안 가니? 배 안 고파?"라고 물어봐도 눈치 없는 체하며 "배 안 고픕니다"라고 대답하곤 껌처럼 붙어 〈타잔〉을 끝까지 다 보았다. 참 뻔뻔스럽기도 했다.

내가 그렇게 〈타잔〉에 목을 맨 이유는 드라마 내용이 재미있어서라기보다 그 배경이 환상적이었기 때문이다. '세상에 저런 곳이 있구나!' 하고 늘 감탄하면서 눈도 한 번 깜박이지 않고 봤다. 내가 그토록 좋아하던 강릉과도 비교해보았다. 강릉을 좋아하긴 했지만 〈타잔〉에 나오는 정글은 또 달랐다. 한참 후에야 그곳이 열대라는 것을 알게 되었다. 서울에서의 삶은 가짜이고 강릉에서의 삶을 진짜 삶으로 받아들였던 나는 이제 강릉보다 더욱 원시의 냄새가 물 씬 풍기는 열대를 동경하게 되었다.

그러니까 존경하는 인물에 '타잔'이라고 쓴 내 속마음에는 원 시를 동경하는 마음이 담겨 있었던 것이다. 그것 때문에 엉덩이만 실컷 두들겨 맞았던 소년, 그럼에도 타잔처럼 살고 싶다는 꿈을 버 리지 않았던 그 소년은 결국 하버드대학교에 가서 그 꿈에 한 발짝 다가섰다.

하버드대학을 가니 열대에 갔다 온 사람들이 많았다. '이제 됐 다, 열대로 가는 것이 허황된 꿈만은 아니겠군' 하는 생각에 혼자 좋아했다. 그리고 정말 열대에 갈 수 있는 방법도 알아냈다. 코스 타리카라는 나라에서 한 해에 두 번씩 하는 열대생물학 수업이 있 는데 신청자들 중에 뽑히면 기회가 주어졌다. 당연히 나는 서둘러 신청했다. 신청자가 세계 전역에서 쇄도했는데 합격자 스무 명 안 에 나도 뽑혔다. 1984년 하버드에 간 지 1년 만의 일이었다.


## 열대의 유혹은 너무나 강렬하고 황홀했지

그런데 이런 일들은 내 삶을 풍부하게 해주기는 했지만 학문의 길 에서 보자면 나를 멀리 돌아가게끔 했다. 연구하고자 하는 한 가지만 파고들었다면 더 빨리 학위를 받았을 텐데 나는 천성이 그러질 못했다. 열대에 가서도 연구 과제 외에 다른 것들에 관심을 두느라 속도가 늘 더뎠다. 역시나 이것저것 알고 싶어하고, 하고 싶은 것도 많은 오지랖의 결과였다.

그런데 어떻게 그러지 않을 수가 있을까. 연구 대상을 찾기 위해 숲을 30분 정도 걸어 들어가다 보면 나를 유혹하는 것들이 너무나 많았다. 난생처음 보는 나비도 있고 너무나도 신기하게 생긴 도마뱀도 있는데 어찌 그냥 지나치겠는가?

지도교수님은 내가 열대에 갔다 돌아와 논문을 하나씩 제출하면, 다 읽고 고쳐주신 다음엔 항상 맨 뒤에다 "그런데 학위논문은 잘 되어가는지?"라고 쓰곤 하셨다. 당시 지도교수는 윌슨 선생님과 공동 지도교수셨던 세계적인 개미학자 베르트 횔도블러 교수였다. 윌슨 선생님은 제자를 받기는 하지만 직접 지도하는 것을 좋아하지 않아서 횔도블러 선생님께 맡기셨다. 꿀벌의 춤 언어를 해독하여 노벨상을 받은 폰 프리슈 박사의 수제자로 린다우어 교수가 있는데, 횔도블러 선생님은 린다우어 교수의 수제자다. 나는 결코 횔도블러 교수의 수제자라고 말할 자격이 없지만, 그래도 학문적으로 볼 때 폰 프리슈 박사가 나의 증조할아버지뻘이시다.

린다우어 교수가 스승의 뒤를 이어 꿀벌의 춤 언어를 계속 연구한 데 비해 횔도블러 선생님은 '개미의 언어'를 연구했다. 그분이

왼쪽부터 내 석사논문과 박사논문.
그리고 캠브리지대학 출판사에서
버나드 크레스피와
공동으로 엮어낸 책 두 권.

독일로 가시기 전까지 내 지도를 맡아주셨고, 그 후엔 다시 윌슨 선생님이 맡으셨다. 아무튼 개미에만 꽂혀서 사시던 횔도블러 선생님 눈에는 온갖 것에 관심을 두느라 논문이 더딘 내가 답답해 보였던 모양이다.

좀 자제하려고 노력도 했지만 이것저것 눈에 들어오는 것이 다 궁금하고 알고 싶은 병을 나도 어쩔 수가 없었다. 열대에 가 있으면 재미있는 것이 너무나 많아 다른 사람들이 연구하는 곳까지 따라다녔다. 예를 들어 박쥐 연구하는 사람들이 밤중에 박쥐를 잡으러 간다고 하면 그게 또 재미있어 보였다. 그래서 자야 하는데도 궁금함을 못 이겨 따라나섰다. 그러곤 새벽에 돌아와서 두세 시간 겨우 눈을 붙이고 일어나 내 일을 하곤 했다. 내 연구만 해도 모자랄 판에 이 동네 저 동네 기웃거리고 다니니 우선 체력이 받쳐주질

241

못했다. 하지만 피곤한 와중에도 재미있고 흥이 나서 그만둘 생각은 하지 않았다.

그렇게 열대에서 동물들을 연구할 때가 참 행복했다. 어렸을 때 텔레비전을 통해서나 보던 정글에서 그곳 동물들을 직접 만나고 연구할 수 있다는 것은 엄청난 행운이었다. 한번은 몇 달씩 열대에서 돌아오지 않아 아내가 그곳까지 찾아온 적도 있다. 우리는 결혼을 1981년에 했는데 서로 바빠 출산을 미루다가 1989년에야 아이를 낳았다. 아이가 태어나고 나서는 차마 두 사람만 두고 집을 오래 떠날 수가 없어서 그 좋아하는 열대를 자주 가지 못했다.

지금도 솔직히 어떻게 하면 열대에 갈 수 있을까, 매일 그 궁리를 한다. 그렇지만 현실에서 거미줄처럼 엮인 줄이 영 나를 놓아주지 않아 생각만큼 자주 가지 못한다.

하버드대학에 온 지 7년째인 1990년 나는 〈민벌레의 진화생물학〉으로 겨우 박사 학위를 받았다. 그즈음 휠도블러 교수께서 독일로 가시는 바람에 그분이 가르치던 '동물행동학'이라는 생물학과의 전공 과목을 내가 강의하게 되었다. 하버드에서 '인간생식생물학'이라는 과목과 '사회성곤충' 등도 가르치면서 2년 정도를 전임 강사로 일했다. 유학 온 지 10년이 넘어서야 다른 차원으로 들어선 것이다.

# 내가 원하는
# 학문의 종착지를 알게 되었어

## 인연이란 우주의 비밀만큼 신기한 거야

전임강사로 2년을 강의한 뒤 1992년 봄 학기에는 하버드 근처에 있는 터프츠대학에서 초빙 조교수 자격으로 동물행동학을 가르쳤다. 그러는 도중에도 나는 교수 자리를 찾아 여러 대학에 지원서를 냈는데 결과는 좋지 않았다. 서류심사 후 최종 심사를 위해 두세 명 정도를 인터뷰하는데, 인터뷰 과정까지 갔다가 떨어지곤 했다. 그러다가 발탁되어 간 곳이 미시간대학이다. 참 묘한 인연이라는 생각이 들었다.

나의 꿈은 행복한 과학자

미시간대학에 부임한 지 몇 주 만에 신고식처럼 치른 교수 세미나에서 그곳 생물학과의 세계적인 석학 알렉산더 교수는 나를 이렇게 소개했다.

"학문의 계단을 제대로 밟아온 분입니다. 펜실베이니아 주립대학에서 석사를, 그리고 하버드대학에서 박사 학위를 받고 드디어 미시간에 이르렀습니다."

사실 미시간대학은 내가 전공하는 동물행동학과 진화생물학 분야에서는 하버드를 포함한 최정상급 대학 중에서도 둘째가라면 서러워할 곳이다. 하지만 알렉산더 교수가 그렇게 말한 데는 다른 이유가 있었다. 내가 묘한 인연이라 느낀 바로 그 부분 때문에 나온 말이었다.

앞에서도 언급했듯이 나는 하버드가 아니라 해밀턴 교수가 있는 미시간대학에서 박사논문을 쓰고 싶었다. 그런데 지원한 첫해에 떨어져서 다음 해 다시 지원했다. 아내는 이미 1년 전에 미시간 음대 음악학 박사 과정에 입학 허가를 받았는데 나 때문에 1년을 기다리고 있는 상황이었다. 내가 재도전하여 성공하면 함께 미시간으로 옮길 계획이었다.

두 번째로 도전하면서 나는 해밀턴 교수님에게 편지를 썼다. 그 후 미시간대학 생물학과에서 입학 통지서가 날아왔고, 거기에다 해밀턴 교수님께서도 며칠 다녀가도 좋다는 연락을 주셨다.

기쁜 마음으로 아내와 함께 차를 몰고 미시간으로 향했다. 미시간대학이 있는 앤아버에는 그해에 엄청난 눈이 내렸다. 길가로 치워놓은 눈이 하도 높아 직선 코스의 차 외에는 아무것도 보이지 않을 지경이었다. 해밀턴 교수님을 찾아뵈었더니 선생님은 머물 곳이 있느냐며 정하지 않았으면 당신 집에서 머물라고 하셨다. 그래서 닷새를 머물렀는데 정말 꿈만 같은 시간이었다.

내가 공부하고자 하는 분야의 세계 최고 학자와 이야기를 나누며 그분 집에서 머문다는 것은 그 사실만으로도 크나큰 영광이었다. 저녁마다 선생님과 나는 거실에서 마주앉아 온갖 이야기를 나누었다. 선생님의 이론으로 설명할 수 있을 법한 수많은 생물학 현상들에 대해 주로 이야기했다.

선생님은 말씀도 나지막하니 조근조근 하시는 스타일에다 부끄럼도 조금 타셨다. 나는 차츰 나도 모르게 다리를 꼬고 앉았는데 그분은 당신 집이었음에도 소파 끝에 겨우 걸터앉아 천장 한 귀퉁이만 쳐다보며 이야기를 했다. 그 장면을 떠올리면 완전히 주객이 바뀌었다는 생각이 들면서 웃음이 난다.

그렇게 꿈같은 닷새가 지나고 집으로 돌아올 준비를 하고 있는데 선생님으로부터 연구실에 잠깐 들르라는 연락이 왔다. 무슨 일일까 궁금해하며 연구실로 찾아간 내게 선생님께서는 몹시 실망스러운 소식을 전해주셨다.

"자네한테 해줄 이야기가 있네. 지금 영국왕립학회 회원을 심사 중인데 내가 뽑히면 아무래도 영국으로 가야 할 것 같아."

그렇게 된다면 나로서는 큰일이었다.

"네? 선생님 생각에 확률이 어떨 것 같습니까?"

"글쎄……, 51퍼센트?"

그때 나는 선생님이 영국으로 가실 거라 확신했다. 다른 사람도 아니고 해밀턴 교수님의 51퍼센트는 100퍼센트나 마찬가지였기 때문이다.

"영국 어느 대학으로 가십니까?"

"옥스퍼드로 갈 것 같네. 그래서 말인데, 자네를 옥스퍼드로 데려가고 싶어."

나로서는 기회일 수도 있었다. 하지만 그 순간 아내 얼굴이 떠올랐다. 미시간대학교 음대에 합격하고서도 나를 위해 1년을 기다려주었는데, 어떻게 내 생각만 하면서 옥스퍼드를 갈 수 있겠는가? 선생님께 그 이야기를 하고 나왔다.

그래도 선생님에 대한 미련이 남았던 나는 주변 사람들에게 상황을 알아봤다.

"옥스퍼드에서 돈 없이 공부할 수 있다는 생각은 하지도 마라. 네가 받는 돈으로 아내와 둘이 살아야 하잖아. 미국이라면 한 사람 장학금으로 먹고살 정도는 되지만 영국에서는 불가능하다고."

과학자의 서재

해밀턴 교수의 제자가 되겠다던 희망이 사라지자 나는 모든 일에 의욕을 잃었다. 그렇게 풀이 죽어 지내는 내가 안쓰러웠던지 아내가 하버드에 가보자고 설득했다. 당시는 윌슨 교수님도 만난 뒤였고 입학통지서도 받은 상태였지만 마음이 문제였다. 그런데 미시간대학으로 가고 싶다는 그 마음조차 해밀턴 교수가 안 계신다면 또 다른 문제였다.

별 엉뚱한 고민을 다 한다고 생각하는 사람도 많을 것이다. 하버드에 합격했는데 무슨 고민이냐는. 아버지 역시 그러셨다. 합격통지서를 받고 아버지랑 통화를 했다. 이번에 세 군데 학교에서 입학 허가를 받았다며 미시간, 예일, 하버드라고 말씀드렸다. 그랬더니 내 말이 떨어지기 무섭게 "지금 하버드라고 했느냐? 그런데 뭐가 문제냐?"라고 말씀하셨다.

하지만 나는 사실 해밀턴 교수 때문에 미시간을 가고 싶었고 세상의 잣대에는 신경 쓰지 않았다. 나는 누가 뭐라든 내가 하고 싶은 공부를 하고, 배우고 싶은 분에게서 배우고 싶었다. 그런데 인연은 따로 있는 것인지 공교롭게도 해밀턴 교수께서 영국으로 가실 예정이라니……

그렇게 해서 결국 나는 하버드를 선택했다. 아내도 나를 따라 하버드로 왔다. 그해에는 그냥 음악대학에 드나들면서 공부를 하다가 다음 해 지원해서 입학하였다. 나 때문에 아내는 2년을 손해

247

본 셈이다.

그런 옛일을 뒤로하고 10년 가까운 세월이 흐른 1992년 가을, 이번에는 학생이 아니라 교수가 되어 미시간에 왔다. 그러한 행적을 잘 알고 계셨기에 알렉산더 교수님이 나를 그렇게 소개한 것이다.


## 통섭의 정신을 배운 미시간대학에서의 지적 탐험

미시간대학에서의 3년은 내 인생을 통틀어 가장 많은 공부를 하고 질적으로 가장 풍부한 지적 탐험을 한 기간이다. 일반 교수가 된 것이 아니라 그곳의 명예교우회 특별연구원으로 선임되었기에 가능한 일이었다. 나는 내가 미시간대학 소사이어티 오브 펠로우즈 Society of Fellows의 주니어 펠로우Junior Fellow, 즉 명예교우회의 연구원이었던 것을 무척이나 귀하고 자랑스럽게 여긴다.

명예교우회는 로렌스 로월이 사재를 털어 만든 지식공동체다. 1909년부터 1933년까지 하버드대학 총장을 지냈던 그는 총장직에서 물러나며 한 가지 바람을 가졌다. 평생 학문에 몸바쳐 자신의 분야에서 일가를 이룬 대학자들을 한자리에 모으기만 해도, 그곳에서 자연히 학문의 불꽃이 피어오를 것이라고 확신했다. 그래서 명예교우회를 만들었다. 내가 2007년 이화여대에 설립한 통섭원統

攝苑도 바로 로월 총장의 정신을 이어받은 것이다.

그는 그렇게 모인 대학자들을 시니어 펠로우Senior Fellow라고 부르고, 해마다 갓 박사 학위를 받은 사람 중 가장 탁월한 인재들을 주니어 펠로우로 선발했다. 그리하여 신구세대 학자들이 함께 학문을 논할 수 있도록 했다. 하버드대학 명예교우회의 주니어 펠로우 출신 중에는 지금까지 노벨상 또는 퓰리처상을 받은 학자들만 해도 수십 명에 이른다. 윌슨 교수님도 명예교우회 출신이었다. 로월 총장의 통섭적 혜안이 적중한 것이다.

나는 사실 하버드 명예교우회 일원으로 추천이 되었지만 안타깝게도 최종 인터뷰 단계에서 탈락했다. 명예교우회는 자신이 하고 싶다고 해서 지원할 수 있는 것이 아니라 추천인단에서 추천을 해주어야 하고 1차 서류심사와 2차 인터뷰를 통해 뽑는다. 인터뷰를 가면 시니어 펠로우들이 빙 둘러앉아 있고 그 가운데 앉아서 답변을 하도록 되어 있다. 나는 그 마지막 과정에서 떨어진 것이다.

그래서 좌절감을 안고 며칠 술도 마시며 지내고 있었는데 미시간대학 명예교우회에 연구원으로 뽑혔다는 연락을 받았다. 미시간에서도 하버드를 벤치마킹하여 유사한 제도를 만들었다. 여기에도 지원은 했지만 하버드에서 떨어진 뒤라 모두 포기하고 있던 참이었다. 그런데 뽑혔다는 소식을 듣고 무척 기뻤다.

명예교우회의 일원이 되었다는 것은 3년 동안 자기가 하고 싶은 연구를 마음껏 할 수 있음을 의미한다. 하버드에서는 해마다 뽑는 인원이 정해져 있지 않지만 미시간은 해마다 네 명씩을 뽑는다. 그러니까 3년 동안이면 열두 명이 있는 셈이다. 그중에 여행 가는 친구도 있어서 보통 열 명 정도가 학교에 있게 된다. 우리는 수요일 점심마다 모여 맛있는 점심을 먹으며 따뜻하고 편안한 방에서 자유롭게 토론했다. 나는 그 시간이 무척이나 좋았다. 다양한 학문에 관심을 갖고 있던 나로서는 안성맞춤의 장치였다.

모임 때마다 한 명씩 돌아가며 자신이 연구하거나 공부한 내용으로 토론을 시작한다. 학문적이거나 심오한 내용만 주제로 삼는 건 아니었다. 그저 일반적인 이야기를 주고받을 때도 있고 답을 내릴 수 없는 엉뚱한 상상력에서 끌어낸 주제도 많았다.

예를 들어 철학하는 친구가 '철학자들은 왜 글을 어렵게 쓸까?'라는 제목으로 이야기를 먼저 시작한다. 그러면 나머지 친구들은 샌드위치 등을 먹으면서 철학에 대해 이야기하는 식이다. 나는 어느 날 '장끼는 화려한데 왜 까투리는 못생겼을까?'라는 질문으로 시작했다. 자연세계에서 왜 수컷이 더 아름다울 수밖에 없는가 하는 이야기가 오가다가 나중에는 다윈으로 넘어가기도 했다. 또 어느 해 말에는 영문학을 하는 이가 '레스토랑이라는 것이 어떻게 해서 생겨났나?'에 대해 말한 적이 있다. 우리는 그때 '왜 밥을 집이 아닌 바깥에서 먹으려고 하는가?'라는 이야기를 나누었다. 그 친구는 몇 년 전에 레스토랑 역사에 관한 책을 냈다.

우리는 수요일마다 낮 12시에 모였는데 6시가 되어도 헤어지지 못하는 경우가 많았다. 서서히 배가 고파지면 다 함께 시내로 가서 맥주도 한잔하고 저녁을 같이 먹으며 또 열띤 토론을 하였다. 그러다 보면 깊은 밤이 되곤 했다.

그리고 한 달에 한 번씩 시니어 펠로우들이랑 저녁식사를 함께 하는 날도 있었다. 분야를 떠나 흥미로운 학문적 주제를 놓고 대화를 나누는 자리다. 그 모임은 화려하고 고급스러운 대형 홀에서 이루어졌으며, 한 사람이 발제를 한 뒤 토론으로 이어졌다. 발제자는 외부 강사일 때도 있고 시니어 펠로우 중 한 명이 맡을 때도 있었다. 그야말로 과학, 의학, 인문학, 문학 등 각 분야에서 모인 사람들이 함께 의견을 나누는 것이다. 나도 당시 시니어 펠로우였던 바비로우 교수와 함께 발제를 한 번 한 적이 있다. 이 얼마나 멋진 경험인가?

## 나를 지혜로운 학자로 만들어준 주니어 펠로우 시절

주니어 펠로우 시절에 거의 200개의 주제에 대해 듣고 말한 것 같다. 앞에서 이야기했듯이 내가 이화여대로 온 뒤 '통섭원'이라는

251

간판을 내걸고 학문의 경계를 넘나들겠다고 한 배경에는 그 시절의 경험들이 있었다. 솔직히 말하면 나는 어떤 분야에 깊은 지식을 갖고 있지는 못하다. 하다못해 내 분야도 깊이를 갖고 있지 못해 고민스럽다고 해야 맞을 것이다.

하지만 어느 분야든 대략 30분만 듣고 있으면 '이 사람들이 지금 어느 쪽 동네 이야기를 하는구나'라고 대충 주제의 감을 잡을 정도는 된다. 그러다가 옛날 그 시절에 들었던 이야기 중에서 기억나는 것이 있으면 질문도 한번 해보고 그런다. 그 때문에 사람들은 '생물학 한다는 사람이 이런 것도 아나?'라고 생각하기도 하는 모양이다. 거듭 말하자면, 내가 우리 사회에 통섭이라는 화두를 던지고 과감하게 학문의 경계를 넘나드는 데에는 내 경험이라는 배경이 있다.

그렇게 많은 주제를 놓고 토론했다는 것은 또 그만큼 많은 책을 읽었다는 이야기이기도 하다.

그 시절에 제인 구달의 책들도 읽기 시작하여 매료되었다. 귀국한 뒤 그중에서 《인간의 그늘에서》를 번역하기도 했는데 무척 소중한 메시지를 던져주는 책이다. 그때 읽었던 책들을 나열하자면 무척 많다. 나의 전공과 관련 있는 것들을 예로 들면, 국내에도 번역되어 나온 《침팬지 폴리틱스》도 정말 재미있게 읽었고, 아마존 열대림에 사는 원시 민족들을 연구한 《야노마모》라는 책도 엄청나게

미시간대학에서
주니어 펠로우 연구원으로
있던 시절,
내 전공 분야를 넘어
다양한 분야의 책을
왕성하게 읽었다.

좋아했다. 당연히 전공 관련이 아닌 분야의 책들도 많이 읽었는데, 《불평등의 재검토》등 경제에 관한 책들에 특히 관심이 있었다.

　　미시간대학에서 주니어 펠로우의 연구원으로 있었던 덕에 관심 분야를 더욱 확장하면서 인간, 경제 분야의 책들까지 꽤 폭넓게 읽을 수 있었다. 하버드에 있을 때는 논문 쓰기 바빠서 다양한 분야의 책을 읽는다는 것은 엄두도 못 낼 일이었다. 그냥 전공에 관련된 책과 다윈 관련 책들만 파고들었다. 단 경제 분야 책은 그때도 꽤 읽었다. 그 연장선에서 '레크 번식의 진화'를 당시 새로 등장한 산업경제학의 모델로 설명하겠노라는 연구를 계획했다. 미시간 명예교우회에 주니어 펠로우로 선정된 것도 그 연구계획서를 제출해서였다.

'레크'는 번식기에 수컷들이 일정한 곳에 모여 암컷에게 구애하는 것을 말한다. 이때 암컷들은 오로지 짝짓기만을 목적으로 수컷들이 모인 장소를 방문한다. 멧닭, 목도리도요, 극락조를 비롯한 20여 종의 새들과 어류, 포유류, 곤충 등에서 레크 번식이 간간이 나타난다. 지금까지 레크의 진화를 설명하기 위해 여러 가설이 제기되었지만 나는 어떤 것에도 만족할 수 없었다.

그 의문을 느끼던 나는 또 한편으로 인간세상의 일과 어떤 연관성을 느꼈다. 왜 도시의 어느 지역에 가면 동일 상품을 파는 가게들이 들러붙어 있는 것일까 하는 점이다. 1960~70년대 서울 광교에는 양복점들이 즐비하게 늘어서 있었다. 그렇게 한곳에 몰려 있으면 곧바로 비교가 될 텐데 왜 그런 현상이 일어나는 것일까? 용산 전자상가만 봐도 거의 구별도 안 되는 가게들이 다닥다닥 붙어 있지 않은가? 난 그 이유가 궁금했다.

박사 학위를 하던 시절 나는 뻔질나게 하버드 경제학과 건물인 리타우어센터를 드나들었다. 심지어는 노벨경제학상을 받은 교수도 찾아가 "왜 보스턴 시내에 가면 구두 가게들이 한곳에 모여 있는 겁니까?"라고 묻곤 했다. 잊을 만하면 불쑥불쑥 찾아와 질문을 해대는 생물학과 대학원생에게 경제학과 교수들은 한결같이 그 건물 지하실을 가리켰다. 바로 경제학 도서관이 있는 곳이었다. 경제학 책이라도 읽은 다음에 다시 오라는 뜻이다. 그래서 나는 시간만 나면 경제학과 도서관에 가서 온갖 책들을 뒤지기 시작했다.

그러다가 1985년 어느 날 당시 뉴욕대학과 프린스턴대학 경제학과에 겸직으로 일하던 윌리엄 보멀의 책을 발견했다. 바로 경합시장에 관한 책이었다. 그 책을 읽어 내려가다가 나는 문득 '레크의 진화와 경합시장 이론을 접목하겠다'라는 연구목표를 세웠다.

그 후로는 박사 학위를 받는 데 집중했고 1991년이 되어서야 연구계획서라는 방식으로 구체화한 것이다. 2009년을 기점으로 하면 무려 18년 전의 일이다. 왜 2009년이냐면, 그해는 세계적인 경제 위기를 겪은 후 생물학과 경제학의 만남이 전례 없이 활발해진 출발점으로 볼 수 있기 때문이다. 하지만 1991년 당시는 아직 그런 움직임이 거의 없었고 더욱이 이런 연구계획을 가진 사람도 별로 없었다.

주니어 펠로우로 선정되자마자 나는 곧바로 보멀 교수에게 편지를 보내 내 연구계획을 상세하게 설명했다. 이론적인 모델링에 의존해야 했던 그로서는 조류를 가지고 그의 이론을 실험해 보이겠다는 젊은 생물학자의 엉뚱함이 무척 반가웠던 모양이다. 많은 관심을 보여주며 연구 결과를 고대한다고 했다.

하지만 나는 결국 1994년 서울대학교로 자리를 옮겼고, 한국으

255

로 돌아온 지 17년이 되는 지금까지도 그 연구를 이어가지 못하고
있다. 국내의 그 많은 경제학 박사 중에서 경합시장을 전공한 학자
를 찾지 못한 것이다.

미안한 이야기지만, 대한민국 경제학자들이 연구하는 주제에는
왜 이리 다양성이 없나 하는 생각을 한다. 물론 다 똑같다고 단정
짓는 것은 지나치지만, 정말이지 다양성은 많이 부족하다. 그렇게
비슷비슷한 연구들을 하는 것이 나로서는 무척 섭섭하다. 지금 경
제학과 가장 가깝게 연관된 분야가 생물학이기 때문이다. 이제 드
디어 생물학과 경제학이 서로 손을 잡았는데 내가 하고자 하는 연
구를 한국에서는 할 수가 없는 상황이다. 만약 귀국하지 않고 연구
를 계속했더라면 지금쯤 노벨경제학상 후보에 오르지 않았을까 하
는, 배포 큰 생각도 해본다. 그 연구를 접고 귀국한 일이 내 인생에
서 가장 섭섭한 부분이다. 하지만 아직 꿈을 버린 것은 아니다. 언
젠가는 꼭 마무리를 하겠다고 벼르고 있다.

이처럼 책 읽기로만 본다면 하버드 때는 특정 분야에만 치중된
건조한 시절이었다. 그러다가 미시간으로 와서 각 분야의 연구원
들과 대화를 나누게 되니 책도 여러 분야에 걸쳐 읽게 되고 마음껏
토론할 수 있어서 무척 행복했다.

나는 수요일만 기다렸다. 학문하는 사람으로서 그런 경험을 해
본다는 것은 무척 드문 일이자 커다란 축복이다. 한국사람 중에서

나 말고 주니어 펠로우를 해본 사람이 있다는 얘기를 이제껏 듣지 못했다. 그러고 보면 내가 운이 좋았던 것 같긴 하다.

그러나 세상에 공짜는 없다. 행운도 역시 공짜가 아니다. 지금까지 60년 가깝게 살아오면서 깨달은 것 중 하나가 행운은 무작위로 방문하지 않는다는 사실이다. 준비가 된 곳에만 방문한다. 현실의 눈으로 보면 이룰 수 없는 꿈이나 목표일지라도 조용조용 준비하면서 차분하게 기다리면, 언젠가는 행운의 여신이 악수를 청하게 되어 있다. 단지 그 여신이 비행기를 타고 올 수도 있고 KTX를 타고 올 수도 있고 정류장마다 서야 하는 완행버스를 타고 올 수도 있기에 시차가 날 뿐이다.

# 아빠가 되고 나니
# 책이 더 소중해졌어

## 아기 때부터 많은 책을 읽어줬지

우리 부부는 아이들을 무척 좋아했지만, 서로 바빠 엄두를 내지 못하다가 결혼한 지 9년째인 1989년에 아이를 낳았다. 내게 문제가 있어 아이를 못 낳는 게 아니냐는 말까지 듣다가 드디어 아이가 태어났으니 얼마나 감사하고 기뻤겠는가? 우리 부부는 최선을 다해 아이를 키우기로 약속했고 실천했다. 그런데 내 어머니도 아내의 어머니도 안 계시는 타국 땅에서 아무런 경험도 없이 아이를 기르는 일은 정말 힘들었다. 우리 부부는 조언을 구할 사람이 없는 상황이었기에 서로 의논해가며 아이를 키워야 했다. 아내는 워낙 학구적인 사람이라 영어로 된 육아 관련 서적들을 엄청나게 읽었다.

아이가 백일도 되기 전의 일이다. 저녁때가 되었는데 애를 겨우 재우고는 둘이 소파에 그냥 늘어지고 말았다. 그대로 잠이 들었다가 얼마 후 깼는데 그때야 비로소 아침부터 아무것도 먹지 못했다는 생각이 났다. 어른 둘이 아이 하나를 돌보느라 온종일 굶다니, 초보 엄마 아빠가 얼마나 진을 빼는 상황이었을지 짐작이 갈 것이다. 그만큼 우리는 서툴렀고, 잘하고 싶었던 만큼 힘이 들었다.

우리 부부는 이대로는 안 되겠다, 뭔가 대책을 세워야겠다고 마음먹었다. 당시 아내는 교회에서 반주를 하고 있었는데, 어느 날 거기서 알게 된 미국인 노부부가 우리 아이를 보러 오셨다.

그런데 우리는 아주 재미있고 신기한 모습을 보게 되었다. 두 분은 이제 겨우 백일 정도밖에 안 된 아이에게 세상 돌아가는 이야기를 다 해주시는 것이었다. 어제 동네 가게에서 어떤 일이 일어났고, 뉴스 시간에 대통령이 무슨 말을 했는지 등등의 이야기를 말이다. 의아스럽다는 표정으로 바라보는 우리 부부에게 할머니께서 말씀하셨다.

"우리가 좀 이상하게 보이나 보네. 아기가 알아듣지도 못하는 말을 한다고 생각하는 게지, 아마? 하지만 그렇지 않아. 아기는 우리가 하는 말을 다 알아듣고 있어. 그러니까 아기에게 '까꿍!' 이런

나의 꿈은 행복한 과학자

것만 하지 말고 이야기를 해줘. 너희가 학교에서 겪었던 이야기, 읽은 책 이야기, 그냥 서로에게 하듯 해주렴. 그러면 아이는 다 듣고 자란단다. 뱃속에 있을 때부터 그렇게 하는 거야."

할머니 말씀에 우리 부부는 큰 지혜를 얻은 기분이었다. 그때까지 우린 그저 아기가 울지 않게 하려고 먹이고 재우는 데만 온 신경을 썼다. 아직 아기가 아닌가. 게다가 잠이 들면 혹시 깰까 봐 까치발로 살살 다니고 그랬을 뿐이다.

이튿날부터 우리는 아이 옆에 있는 동안 번갈아 그날 있었던 이야기를 해주고, 하루도 빠짐없이 책을 읽어주었다. 아이를 위한 책만이 아니라 우리가 읽는 전공 책이나 논문도 아이 옆에서 소리 내어 읽었다.

당시 우리 부부는 하버드대학 기숙사 중 하나인 엘리엇하우스에서 사감을 하고 있었는데 거기에서 태어난 아기는 우리 아이가 유일했다. 병원에서 데려오는 날 기숙사 시계탑에 불이 환하게 밝혀져 있었다. 앨런 하이머트 학장님의 배려였다. 기숙사 학생들에게도 아기는 그야말로 최고의 인기였다. 우리가 아기를 안고 식당으로 내려가면 학생들이 전부 와서 들여다보았다. 그러면서 아이에게 "오늘 아침 월스트리트 저널에는 무슨 기사가 났니?"라고 묻곤 했다. 그중 어떤 친구는 우리에게 "이 아기 표정을 보면 무언가 깊은 생각을 하고 있는 것 같아"라고 말하며 웃었다. 우리는 그게 우리가 아기에게 끊임없이 뭔가를 읽어주기 때문이 아닐까, 조심스레 추측하며 살짝 걱정을 하기도 했다.

그렇게 시간이 흘러 아이가 두세 살이 되자 우리는 상상력을 키우고 지적 호기심을 자극할 수 있는 책들로 골라서 틈날 때마다 읽어주었다. 그런데 어떤 때는 몇 권을 읽어도 밤이 늦도록 아이가 잠이 들지 않아 곤란하기도 했다. 아이가 빨리 자야 우리도 일을 하는데 말이다. 책을 읽어주면 아이는 여전히 말똥말똥한데 오히려 읽어주는 내가 잠이 오곤 했다. 그래서 "오늘은 두 권만 읽어줄게"라는 식으로 선을 긋는 방법을 생각해냈다. 그러면 아이가 "네 권!"이라고 협상을 해와 세 권으로 조절을 하기도 했다.

그런데 어느 날이었다. 아마 아이가 세 살이 되던 해 말쯤이었을 것이다. 그날 따라 많이 피곤했던지 내가 그만 책을 읽어주다 잠이 들고 말았다. 그런데 잠결에 누군가 책을 읽는 소리가 나는 것이다. 천천히 고개를 들어보니 아이가 혼자서 책을 읽고 있는 게 아닌가. 순간적으로 얼마나 놀랐는지! 그런데 실은 글자를 읽는 것은 아니었다. 하도 여러 번 들었던 이야기라 외워서 말하는 중이었다. 하지만 놀랍고 기특하다는 생각이 들었다. 아이에게 스스로 책을 읽게 하는 것도 좋지만, 글을 모르는 아기 때는 물론이고 글을 알고 난 뒤에도 부모가 소리 내어 읽어주는 게 좋다는 것을 경험으로 알게 되었다.

나의 꿈은 행복한 과학자

한 가지, 내 무덤을 스스로 판 것도 있긴 하다. 책을 읽어줄 때 넘덤하게 읽은 게 아니라 성대모사를 해가며 구연동화처럼 읽어주었던 것이다. 그랬더니 그렇게 읽어주지 않으면 "아빠, 그건 도널드 덕의 대사잖아? 도널드 덕처럼 말해야지"라며 제동을 걸었다. 피곤해서 대충 읽어주려고 해도 어림없었다.

## 내가 물려준 가장 큰 재산은 독서습관

어쨌든 우리 부부는 아이가 초등학교 다닐 때까지 수많은 책을 읽어주었다. 어렸을 때부터 책 읽는 것을 듣고 자란 녀석은 글자를 깨우치자 우리가 읽어주는 것에 만족하지 않고 스스로도 많은 책을 읽었다. 그 아이가 중고등학교 시절 성적은 완벽하지 못했는데 대학은 잘 간 이유가 바로 책을 많이 읽었기 때문이라고 우리는 한 치의 의심도 없이 믿고 있다. 내 생각에 녀석은 대학교 가기 전까지 적어도 1,000권은 읽은 것 같다.

그 덕에 좋은 대학에 가긴 했지만 대학에서도 역시 학과 성적은 그다지 좋지 않다. 나를 닮았는지 학교 공부는 열심히 하지 않고 여전히 다양한 분야의 책들을 읽고, 또한 다양한 활동을 하며 즐기면서 살기 때문이다. 어떻게 대학에서 쫓겨나지 않는지 궁금하기까지 하지만, 내가 비슷한 과정을 거쳤기 때문에 그다지 흠을 잡지 않는다. 아니, 나의 경험 때문이 아니더라도 난 아들에게 훈계할 생각이 전혀 없다. 난 다른 사람에게 인생을 가르치고 싶은 생각이 없기 때문이다. 무척이나 사랑하지만 아들 역시 타인이지 나 자신은 아니지 않은가.

아들은 그다지 찌들지 않은 고교 시절을 보내고도 좋은 대학에 입학했고, 대학에 가서도 하고 싶은 걸 하면서 행복하게 살고 있다. 그 녀석은 자신이 아는 것은 거의 책을 통해 배운 것이라고 말한다. 우리가 독서습관 하나는 확실하게 심어준 것 같다. 무척 잘한 일이라고 생각한다.

아이가 일곱 살 때 한국으로 돌아왔으니 그 녀석에겐 미국이 고향이다. 그래서 우리는 무리를 하더라도 방학이 되면 미국으로 여행을 가 한 달 이상 머물다 온다. 하지만 그렇다고 우리가 함께 어울려 아름다운 곳을 찾아다니며 사진도 찍고 번잡스럽게 지내는 건 아니다. 여행계획 같은 것도 없다. 우리 셋 다 시끄러운 곳은 싫어하기 때문에 친구를 통해 조용한 지역의 잠시 비어 있는 집을 빌려 주로 거기서 책을 읽으며 지낸다. 셋이 각각 도서관에서 빌려오거나 산 책들을 읽고 지내는 것이다. 물론 우리 부부는 일도 하면서 말이다. 그러다가 가끔은 외출을 하기도 한다. 놀이동산 같은 곳은 가본 적이 없고 바닷가나 호수를 찾는다. 하지만 그런 곳에

나의 꿈은 행복한 과학자

머무는 시간은 짧고, 외출의 마지막 코스는 꼭 서점이다.

서점 안으로 들어서면 우리 셋은 각자 관심 분야의 코너로 흩어져 읽고 싶은 책을 읽는다. 아내는 음악과 문화에 관한 책, 아들은 어린이들이 읽는 책, 나는 생물학이나 자연과학, 심리학 등에 관한 책을 읽는다. 그러다가 내가 두 사람을 찾아내야 배도 채우고 집으로 돌아올 수도 있다. 우리 가족 중에 제일 책을 안 읽는 사람이 나다. 아내와 아이는 책을 집어들면 시간 가는 줄을 모르기 때문에 끼니는 내가 챙겨야만 한다.

그리고 나올 때는 반드시 각자 몇 권씩의 책을 산다. 내가 제동을 걸어봐야 들은 척도 안 하기 때문에 두 사람이 책을 사는 것에 대해서는 아무 말도 안 한다. 문제는 방학이 끝나가서 한국으로 돌아올 때 생긴다. 짐을 쌀 때마다 책 때문에 가방이 부족해 늘 골칫거리다. 그때쯤 되면 내가 대놓고 잔소리 좀 한다. 그러다가 언제부턴가 아마존이라는 인터넷 서점이 생겨서 그런 불편은 덜게 됐다. 미국 서점에서 직접 사지 않고 인터넷으로 신청해놓고 돌아오면 책이 먼저 와 있곤 했다.

우리 집 거실은 한마디로 서재다. 아니 거실만이 아니다. 집 전체가 서점이라고 해도 될 만큼 다양하고 많은 수의 책이 있다. 대부분의 집 거실에 자리 잡고 있는 텔레비전은 없고 허리 높이(내 허리 높이니까 1미터 정도는 된다)로 벽을 따라 쭉 이어지게 책장을 만들어놓아 책들을 다 꽂아두고 있다. 거실뿐만 아니라 벽이 있는 곳은 다 책장을 만들어놓았다. 책꽂이로 집안의 빈 벽면을 다 채워버린 것이다. 거기다 책을 다 꽂고 그 위에는 꽃병이나 조각품 같은 것을 놓으면 삽시간에 최고의 실내장식이 된다.

책 읽기의 필요성과 소중함을 모르는 사람은 없을 것이다. 특히 어느 부모든 자식에게 책을 읽으라고 버릇처럼 말하곤 한다. 그런데 자신들은 거실에서 드라마나 예능 프로그램을 보면서 아이에게 책을 읽으라고 하면 어떻게 될까? 또 아이들에게 "책을 읽어라, 독후감을 써라" 하며 끊임없이 잔소리를 하는 부모도 적지 않다. 하지만 잘 생각해보면 그렇게 했을 때 역효과가 나는 경우가 많았음을 알 것이다. 아이들에게 책을 읽히고 싶다면, 방법은 간단하다. 아이들을 귀찮게 하지 말고 부모들이 책을 읽으면 된다. 우리 부부가 가장 잘한 교육이 바로 그것인 것 같다.

우리는 아들에게 어떤 책을 꼭 읽으라고 특별히 권하거나 강요한 적이 없다. 아기 때부터 다양한 책을 읽어주었고, 나이가 좀 들고 나서는 스스로 골라 읽었기 때문이다. 대신 어렸을 때 동화나 소설 외에 나의 전공에 가까운 자연과학 책들과 인문학, 사회과학 쪽 책들을 사서 책꽂이에 꽂아두긴 했다. 그 책을 읽고 안 읽고는 아들 마음이었다. 그런데 제 엄마를 닮아서인지 다양한 책을 읽는 걸 좋아해서 그 책들을 다 읽었다. 그리고 나는 한 권을 손에 들었

나의 꿈은 행복한 과학자

으면 다 읽을 때까지 다른 책을 못 읽는데, 아내와 아들은 읽던 책이 있어도 갑자기 관심 가는 책이 나타나면 새 책부터 읽곤 한다.

아기바구니에 담겨 있을 때부터 세상 이야기를 들려주고 책을 읽어주면서, 아이 눈에 늘 책 읽는 부모의 모습을 보여주었다. 그래서 아이도 자연스레 책을 좋아하게 되었고, 그것이 인생에 큰 자산이 되고 있음을 의심치 않는다. 그것 하나만으로도 나는 아이에게 이미 엄청난 재산을 물려줬다고 자부하고 있다.

과학자의 서재

# 행복한 과학자로 살기 위해
# 한국으로 돌아왔어

## 누군가는 길을 터야 하니까

미시간대학에 부임하자마자 서울대에 있는 친구에게서 전화가 왔다. 미시간대학에 간 게 1992년 가을이었고, 그해 겨울 우리 집에서 크리스마스이브 파티를 하고 있을 때였다.

"아마 파티 중인 모양인데 미안하다. 우리 과에서 네가 귀국할 의사가 있으면 자리를 만들고 싶은데, 네 생각은 어때?"

생각도 못 한 제안이라 그 자리에서 결론을 내릴 수는 없었다. 다시 연락하기로 하고 전화를 끊었다. 그때부터 고민하기 시작했

나의 꿈은 행복한 과학자

다. 미시간대학에 오기까지 겪은 우여곡절을 생각하면 모두 포기하고 귀국한다는 게 간단한 문제가 아니었다. 미시간대학은 내가 몸담고 있는 진화생물학이나 사회생물학 등 '큰 생물학' 분야에서는 하버드 버금가는 최상급 대학이다. 모든 분야를 포함한다 해도 미국 내에서 5, 6위 정도 되는 명문이다.

그런 대학에 교수로 왔는데, 거기에다 주니어 펠로우 일원이기까지 한데 모두 포기하고 한국으로 가야 하는지, 선뜻 내키지가 않았다.

'내가 유학 올 때는 그런 공부를 하러 유학까지 가느냐는 분위기였는데, 이젠 달라졌을까? 그래서 내가 정말 필요하게 된 것일까? 그렇다면 우리나라 자연과학의 발전을 위해 생각해볼 만한 일이긴 한데…… 누군가는 길을 터야 하니까. 하지만 지금 모든 것이 너무 좋은데 어떻게 포기한단 말인가?'

이런저런 생각을 했지만 쉽게 결정을 내릴 수가 없어 1년 가까운 시간이 흘렀다. 내가 확답을 하지 않으니 다시 친구가 전화를 걸어와서 답을 달라고 했다.

"결정하기가 쉽지 않지? 그렇지만 우리도 다른 대책을 세워야 하니까 생각을 확실히 얘기해줘."

"그게 정말, 결정을 내리기가 쉽지 않아……."

"그럼 한번 나와. 와서 직접 얘기도 하고, 통 안 왔잖아. 바뀐 한국도 좀 느끼고……."

미국에 와서 그때까지 13년 동안 한국에는 결혼할 때 딱 한 번 왔었다. 과연 친구 얘기를 들어보니 그것도 괜찮을 것 같아 두 번째로 한국행 비행기를 탔다. 그때가 1993년이었다. 그렇게 한국에 들어와 서울대 측과 직접 이야기를 해본 뒤 귀국하기로 결심했다. 하지만 미국에서 정리할 시간이 필요하다고 양해를 구해 다시 미시간으로 돌아왔다. 그런데 하던 연구도 있고 해서 정리가 잘 안 되었다.

그래서 서울대에 연락해 1년 후에 옮기기로 했다. 그렇게 1년이 흐른 후에 다시 한 학기를 더 미뤄달라고 했더니 난처한 듯이 이유를 물었다.

"하던 연구가 아직 안 끝났어요. 시간이 조금 더 필요합니다."

"아무래도 오고 싶지 않으신 모양입니다. 그렇다면 없었던 일로 하지요."

그 말까지 듣고서는 더 사정할 엄두가 안 났다. 그 길로 미국생활을 정리하고 짐 싸서 귀국했다. 아이들 장난도 아니고 약속을 했는데 안 지키는 것도 도리가 아니지 싶었다.

그렇게 오랜 고민 끝에 서울대 생물학과 교수로 왔다. 나의 전공 분야를 한국에서 발전시키고 싶다는 나름의 포부를 가지고 시작했다. 그런데 생각만큼 순탄하지는 않았다. 몇 년 후 생물학과,

분자생물학과, 미생물학과가 통합되어 생명과학부가 되었다. 학부 전체의 교수가 마흔 명이 넘었지만 큰 생물학을 하는 교수는 나를 포함해 다섯 명뿐이었다. 사실 미국에는 하버드, 프린스턴, 예일 등 대부분의 큰 대학에는 큰 생물학을 하는 과가 따로 있다. 하지만 우리나라에는 한 곳도 없었다. 그러니 분자생물학이라는 숲 속에 진화생물학을 하는 사람이 한둘 있거나 아예 없는 실정이다. 그나마 다섯 명이 있는 서울대학교는 상황이 나은 편이다. 그런데 이런 상황이 호전될 기미가 없다는 것이 참 답답했다.

나의 결정을 존중하고 귀국한 아내는 내가 서울대 교수로 일하는 동안 흔히 말하는 '보따리장수(시간강사)'를 5년 동안이나 해야 했다. 그러던 중 울산대학교에서 음악대학을 만들면서 아내에게 학장 자리를 제안해 왔다. 아내는 남편, 아들과 주중에는 떨어져 살아야 한다는 것 때문에 고민했지만, 좋은 기회였기에 결국 제안을 수락했다. 그때부터 아내는 울산에서 생활하면서 주말마다 서울로 와 집안일을 해놓고 내려가곤 했다. 주중에도 주말에도 쉴 수가 없으니 육체적으로도 힘들었을 것이다. 그런데 가족과 떨어져 있다는, 특히 애지중지하는 아들과 떨어져 지낸다는 사실에 심리적으로 더 큰 고통을 느끼는 것 같았다.

그러다가 아내가 2005년에 이화여대로 옮기게 되었다. 그때 아들이 고등학교 2학년 무렵이었다. 그 녀석이 고등학교를 졸업하고

270

미국으로 유학을 갈 예정이었으니 그때부터 1년 반 정도라도 아들과 함께할 수 있다는 점에서 아내는 매우 행복해했다. 만약 계속 주말가족으로 지내다 아들을 유학 보냈다면 아내는 견딜 수 없었을 것이다.

## 학문의 사랑방, 통섭의 장을 만들었어

그즈음 아이와 아내의 학교에서 가까운 연희동으로 이사를 했다. 그 사실을 알았는지 이사를 하자마자 연세대에서 강의 요청을 해 왔다. 당시 연세대에는 생물학 분야에서 내가 전공하는 쪽 교수가 한 사람도 없었다. 전부 실험실 연구 쪽 교수들뿐이었고, 야외에서 활동하며 생물을 연구하는 분야의 교수는 없었다. 하지만 시대의 흐름은 점점 야외에서 활동하는 생물학을 중요시하게 되었다. 그에 따라 그 분야로도 학생들을 가르쳐야 하는데 교수가 적기 때문에 구하기도 어렵다.

나 역시 내 분야가 더 넓어져야 한다고 생각했기에 연세대의 제안을 받아들여 강의를 나가기 시작했다. 그런데 서울대 학생들과 수업할 때와는 또 다른 재미가 있었다. 서울대 학생들은 스스로 최고라는 생각에 갇혀 방어를 하려 들기 때문에 토론이 잘 진행되지

나의 꿈은 행복한 과학자

못했다. 혹 실수라도 하게 될까 봐 과감하게 발언을 하지 못하는
것이다. 그런데 연세대 학생들은 달랐다. 틀리든 부족하든 토론을
두려워하지 않고 덤벼들었다. 한 학기 가르쳤는데 재미있었다. 학
생들도 내 수업이 좋았는지 모임을 만들어 다음 학기부터 내가 하
는 수업은 그 모임의 일부가 함께 듣고 기수까지 만들기도 했다.

나중에는 연세대에서 학교 오리엔테이션을 할 때도 나를 초청
했다.

"남의 학교 오리엔테이션에 무엇하러 가겠어요? 강의야 할 수
있지만."

일단 거절을 했으나 상대방도 그냥 물러서지 않았다.

"교수님이 가르치는 분야를 소개하고 강의할 분이 우리 학교에
는 안 계시잖아요. 부탁합니다."

그래서 원주까지 가서 오리엔테이션 때 강의를 하곤 했다.

나는 그때마다 강의를 이렇게 시작했다.

"여러분이 개학해서 맨 먼저 할 일이 무엇인지 압니까? 총장실
점거해서 '왜 우리 대학은 최재천 교수가 가르치는 분야의 교수가
없습니까? 우리에게도 이 분야의 교수님을 주십시오'하며 농성을
하는 것입니다. 그러면 내 제자들을 보내주겠습니다. 왜 연세대에
나 같은 사람이 없어서 남의 학교 교수를 데려다 오리엔테이션까
지 참여하게 합니까? 제발 농성을 좀 하십시오."

그렇게 서울대 교수로 있으면서 2년째 연세대에 강의를 나가고 있던 어느 날 이화여대에서 교수 제의를 해 왔다.

사실 서울대에 있으면서 큰 불만은 없었다. 앞에서 말한 나의 전공 분야에 대한 지원이 약한 점은 서운했지만 우리나라 최고의 명문대이자 국립대학에서의 교수직이지 않은가. 그래서 이대 측의 제안을 거절했는데 계속해서 요청을 해 왔다.

그런데 한 번 두 번 만나면서 이대 측의 제안에 마음이 움직이기 시작했다. 그 가장 핵심적인 단어는 '에코과학부'였다. 그 얼마전 나는 생물학의 발전을 위해 이 분야 지원을 강화해야 한다는 취지의 글을 신문에 기고한 적이 있었다. 이대에서는 그것에 초점을 맞추어 나를 설득했다. 그곳에 와서 마음껏 전공 분야를 연구하고 학생들을 가르치라며, '에코과학부'라는 대한민국에는 없는 새로운 학부를 만들어주겠다는 것이다.

게다가 또 하나 매력적인 조건은 교수를 세 명까지 내가 뽑도록 한다는 것이었다. 물론 이 제안은 내가 먼저 했는데, 솔직히 수락할 것이라고 기대하진 않았었다.

예를 들어 미국 의과대학 같은 데서는 거물급 교수를 한 분 모셔오기 위해 그 교수 전공의 과를 하나 새로 만들고 교수 대여섯 명을 뽑을 수 있는 어마어마한 권한을 준다. 하지만 미국에서조차 내 전공 분야에서는 그런 조건으로 교수를 초빙한 예가 거의 없었

나의 꿈은 행복한 과학자

다. 그런데 이대 측에서 나의 조건을 받아주었던 것이다.

내가 그런 조건을 내건 이유는 서울대 교수를 10년 넘게 했는데 제자 중 한 명도 교수가 되지 못해서 무척 절망스러웠기 때문이다. 그게 항상 마음에 걸려 있던 터라 솔직히 내 제자 중에서 한 명이라도 뽑을 수 있으면 좋겠다는 생각을 했다.

나름대로 최선을 다해 제자들을 잘 가르쳤고 제자들도 열심히 해서 내가 보기에도 뛰어났는데 교수 임용에 응시하면 번번이 떨어졌다. 나름의 이유가 있겠지만 시간이 흐를수록 내가 인맥 맺기나 사교적인 부분에 약한 것도 영향을 미친다는 생각을 하게 되었다. 교수 임용이 미국에서처럼 실력만으로 이루어지지 않는다는 것을 알게 된 것이다. 제자들이 나의 성향 때문에 임용이 힘들다고 생각하니 걱정스럽고 상처도 받았다. 하지만 나를 바꿀 수도 없는 일이다.

그래서 이대 측으로부터 제안을 받았을 때 제자를 교수로 임용할 수 있다면 좋겠다는 바람을 갖고 그런 조건을 내걸었는데 뜻밖에 받아들여진 것이다. 하지만 실제 그 상황이 되자 내 손으로 내 제자를 교수로 데려오는 것도 성격상 잘 하지 못하고 있다.

그런데 희한하게도 결과적으로는 내가 원한 대로 되었다.

2006년도에 이화여대로 옮기고 나자 서울대에서는 서울대대로 교수들이 큰 생물학 분야를 너무 등한시했다는 생각을 하게 되었다고 한다. 그래서 자체 교수회의를 통해서 이 분야를 키우기로 했다는 소식을 들었다. 그리하여 자연과학 교수 쉰 명 중에 적어도 열 명 정도는 생태학, 진화생물학 등 이른바 큰 생물학을 가르치는 교수여야 과 균형이 이뤄지는 것이니 그 정도는 뽑자고 내부적으로 합의를 봤다는 것이다. 사실 이화여대로 옮기면서 제일 큰 걱정 거리가 서울대에서 그나마 내가 만들어온 자리마저 없애버리지 않을까 하는 우려였다. 그런데 내 이적에 자극을 받아 지원을 늘리기로 했다니 정말 다행이었다.

그 덕분에 이후 약 2년 동안은 내 방에 있던 제자들 열 명이 전부 직장을 찾아서 떠날 수 있었다. 교수나 연구원이 되어서 지금도 열심히 활동하고 있다. 내가 서울대에 있을 때는 시쳇말로 한 명도 '팔아먹지' 못했는데 정말 다행스럽고도 고마운 일이다. 사회적으로 분위기가 달라진 것일까. 결국 내가 이대로 옮긴 것이 우리나라 큰 생물학 분야에 도움이 되었다고 긍정적으로 생각하고 있다.

이화여대로 와서 개인적으로 가장 좋은 점은 내가 궁극적으로 목표로 삼고 있는 '통섭'을 자연스럽게 하게 되었다는 것이다. 내 연구실을 '통섭원'이라 이름 붙여 개방하였더니 학생들은 물론이고 다른 대학교수나 연구원들도 찾아와 자연스럽게 토론의 장으로 발전했다. 그리고 내가 읽은 책들을 많이 가져다 놓았으므로 누구든 원하는 책을 빌려 읽을 수 있다. 시간이 갈수록 전공 분야를 넘

생일이나 스승의 날에
제자들이 건네준
편지들을 읽다 보면
가르치는 일의 보람을
새록새록 느끼게 된다.

나드는 세미나도 많이 열려 그야말로 학문의 사랑방이 되고 있다.

이를 보면, 내가 가졌던 다양한 학문에 대한 관심과 타 분야에 대한 갈망을 다른 이들도 느끼고 있었음을 확인할 수 있다. 지금까지 국내에서는 어디서도 그런 자리를 만날 수 없었는데 드디어 이곳에서 물꼬가 트인 것이다. 나의 연구실이 나만의 공간이 아니라 많은 이들의 공동공간이 되었고, 그리하여 나를 비우는 동시에 나를 채우게 되었다.

사랑방이 되어버린 내 연구실에서 세미나가 열리면 사람들이 참 좋아한다. 책들로 둘러싸여 있고, 한 분야의 학문이 아니라 학

과학자의 서재

문의 경계를 뛰어넘는 토론을 할 수 있기 때문이다. 이것이 바로 내가 바라는 '통섭'이다. 미시간대학의 주니어 펠로우 시절에 맛보았던 그 신선한 충격과 행복감을 재현한 셈이다. 지금도 통섭원은 학문의 교류와 소통을 위해 지속적으로 방법과 내용을 보완해나가고 있다.

# 지식 많은 사람이 아니라
# 지혜로운 사람이길

## 책은 세상과 나를 연결해주는 통로

내가 귀국한 뒤 처음 우리말로 쓴 책이 《개미제국의 발견》이었다.
1999년의 일인데, 출간이 계기가 되어 신문사에서 서평을 써달라
는 청탁이 간간이 들어오곤 했다.

그러다가 동아일보에 꽤 오랫동안 서평을 기고한 시기가 있다.
서평을 맡고서 참 좋았던 점은 그렇잖아도 책 읽기에 목말라 있던
내게 책 읽을 명분이 생겼다는 것이다. 전공 연구 때문에 시간을
낼 수 없었는데 책 읽기 딱 좋은 이유가 되어주었다. 옛날에 읽었

과학자의 서재

내가 쓴 책《개미제국의 발견》이 중학교 국어 교과서에 실린다는 말을 처음 들었을 때 무척이나 기뻤다. '교과서에 실린 작품의 작가'라는 이름이 그 무엇보다 자랑스럽다.

던 책을 다시 찾아 읽거나 읽고 싶은 책을 적극적으로 찾아 읽으면서 행복감을 만끽했다.

그리고 2008년부터는 조선일보에도 1년 정도 서평을 썼다. 조선일보 역시 정해주는 책이 있는 게 아니라 내 마음대로 선택하여 쓰라는 덕에 읽고 싶은 책들을 적극적으로 읽었다. 물론 가끔은 기자들이 "새 책이 나왔는데 좋은 책입니다. 이 책에 대해 서평을 좀 써주시면 좋겠습니다. 목요일까지 안 되실까요?" 하는 식의 전화를 하는 경우도 있다.

이런 때는 솔직히 재미가 없었다. 내가 읽고 싶은 내용이 아닐 수도 있고 원고를 쓰는 기간도 짧아서 내 성에 차는 서평을 쓸 수 없기 때문이다. 그런 때는 책을 공격적으로 읽게 된다. 다시 말해

나의 꿈은 행복한 과학자

필요한 부분만 공략해서 읽는 것이다. 꼼꼼히 다 읽고, 그 메시지를 음미하면서 내가 느끼는 바를 정리해나갈 시간적 여유가 없다. 그런 책 읽기는 재미도 없고, 좋은 서평도 쓰기 어려워 가능한 한 그런 경우가 생기지 않도록 조정을 했다.

어찌 되었든 서평을 쓰기 위해 더 많은 책을 읽다 보니 관심 분야가 점점 넓어졌다. 또 서평을 쓴다는 사실 때문에 여러 출판사에서 새 책이 나오면 보내주기도 했다. 덕분에 서점까지 가지 않고도 좋은 책들을 읽을 수 있어 고마웠다.

그렇다고 서점에 발길을 끊은 것은 아니다. 읽고 싶은 책 목록을 만들어두었다가 작정을 하고 대형 서점을 찾아간다. 서점에 한 번 가면 목록에 있는 책뿐 아니라 새로 발견한 책까지 또 한 보따리 사오곤 한다. 그렇게 책이 많아지고 그만큼 많이 읽게 되고, 그럼으로써 읽고 싶은 분야가 더 늘어난다. 그리고 그런 과정이 나를 행복하게 한다.


## 책을 읽으면 행복해, 소통의 힘을 믿기 때문이야


물론 연구와 강의 준비에도 시간이 늘 부족하다. 그런데도 책을 읽으면 행복하니까 푹 빠져버린다. 나는 책 읽기를 통해 나와 사람

윌슨 교수님의 책《통섭》을
번역하면서 여러 학문 간의
벽을 허물고 더 크고 깊게 통합된
학문 세계를 만들어가야겠다는
사명감을 강하게 느꼈다.

들, 나와 세상이 소통한다고 믿는다.

덕분에 사적인 교류는 적을 수밖에 없다. 연구하고 남는 시간
이면 책을 읽기 때문에 보통 사람들처럼 서로 어울려 술을 마시거
나 한담을 나누며 즐거운 시간을 보내는 경우가 적다. 때문에 어찌
보면 내 삶이 너무 빡빡하게 짜여 있고 무미건조한 것처럼 보일 수
도 있겠다. 하지만 나는 충분히 행복하고 즐겁다. 책 속에는 사람
의 삶이 담겨 있고, 더 나아가 자연과 우주도 담겨 있다. 나는 책으
로 들어가 수많은 사람을 만나고 삶을 접하고, 자연과 우주를 넘나
든다. 그리고 그로써 얻은 성찰을 세미나와 토론을 통해 세상과 소
통한다. 나는 내 현재 삶이 정말로 멋지다고 생각한다.

서평 쓰는 일을 맡은 덕분에 내가 항상 얘기하는 '통섭'에 걸

나의 꿈은 행복한 과학자

맞은 책 읽기를 할 수 있었다. 그러다가 에드워드 윌슨 교수의 책, 《Consilience》를 접하고 번역까지 했다. 'consilience'는 '서로 다른 현상들로부터 도출되는 귀납들이 서로 일치하거나 정연한 일관성을 보이는 상태'를 뜻하는 말이다. 나는 책에 '큰 줄기'라는 뜻의 통統과 '잡다'라는 뜻의 섭攝을 합쳐, 《통섭》이라는 제목을 달았다. 또한 부제를 '지식의 대통합'이라고 했는데 말 그대로 학문의 경계를 무너뜨리고 더 크고 깊게 통합된 학문의 세계를 만들어간다는 의미다. 이 작업을 하면서 나는 우리 사회에 통섭을 뿌리내려야 한다는 사명감을 강하게 느꼈다.

사실 돌이켜보면 나는 스스로 '통섭적 인생'을 살았다고 생각한다. 시인이 되겠다는 꿈을 갖고 살다가 미술도 좀 하다가 나중에는 자연과학자가 되었다. 그런데 자연과학자이면서 인문사회과학 책들까지 읽고 서평도 쓰고, 결국 넓은 의미의 인문학과 사회과학 분야의 책도 저술했다.

나는 또한 우리나라 처음으로 에코과학부를 만들어 학생들을 가르치고 있다. 이를 통해 진화생물학과 과학에 대해 사회적인 인식을 변화시키는 데 조금이라도 이바지하고 있다고 생각한다. 물론 앞으로도 계획 중인 연구를 비롯하여 끊임없이 연구하고 공부하는 자세를 흐트러뜨리지 않을 것이다. 그리하여 '과학의 대중화'가 아니라 '대중의 과학화'를 이뤄가고 싶다. 자연의 일부인 우리

과학자의 서재

가 어떻게 자연을 덜 이기적으로 이용하고 자연을 보호하며 공존할 수 있을지 그 답을 찾는 데 한몫을 하고 싶다.

그리고 그 노력 안에는 분야의 경계가 없는 책 읽기가 항상 길잡이가 되어주리라 믿는다. 책 읽기는 우주와 자연과 세상을 배우고 동시에 우주와 자연과 세상과 소통하게 해주는 가장 효율적인 수단이기 때문이다.

"자연은 내 마음속에 꿈의 씨앗을 심어주었고
책은 그 씨앗이 싹을 틔우도록 물을 주었습니다."

# 최 교수의
# 달콤쌉싸름한
# 독서 레시피

# 희망의 밥상

- **지은이**  제인 구달 · 게리 매커보이 · 게일 허드슨
- **레시피에 넣은 이유**  제인 구달 선생님의 강의를 듣지 않고도 지구 환경을 살리려는

  그분의 메시지를 가슴으로 느낄 수 있으므로.
- **읽는 맛**  약간 쌉싸름한 맛 (야채 위주라 씹기에는 부드러움)

제인 구달 선생님은 2003년부터 거의 정기적으로 우리나라를 찾아 강연도 하고 여러 환경보호 행사에도 참가하신다. 선생님이 오신다고 하면 우리는 그 며칠 되지 않는 시간 동안 어떻게 하면 선생님을 최대한 많이 모시고 다닐까 기획 회의까지 한다.

사실 나뿐만 아니라 전 세계의 많은 이가 구달 선생님이 사라지면 스타 잃은 기획사 꼴을 면치 못할 것이다. 언젠가 선생님께서 우리나라에 오셨을 때 어떤 학생이 댁이 어디냐고 질문한 적이 있다. 선생님은 곧바로 '비행기 안'이라고 답하셨다. 그만큼 많은 시간을 비행기로 이동하며 보낸다는 뜻이다. 한번은 비행기에 올라탄 다음 승무원에게 '이게 어디로 가는 비행기냐'고 물으신 적도 있단다.

선생님은 매년 워싱턴에 있는 제인구달연구소 기획팀이 마련해준 두툼한 비행기표 묶음을 들고 세계를 돈다. 주머니에는 거의 한 푼도 지니지 않은 채. 비행기에서 내리면 나 같은 사람이 공항에서 선생님을 마중한 다음 한류 스타 뺨치는 스케줄로 혹사하다가 또 비행장으로 모신다. 그러나 선생님은 그 힘들고, 어찌 보면 단조로운 일을 마다치 않는다. 좀 더 나은 자연을 다음 세대에게 남겨주기 위해서 선생님은 오늘도 비행기에 오르신다.

칠순을 넘긴 연세에 그 엄청난 스케줄을 어떻게 견뎌내시느냐는 내 물음에 선생님은 아주 간단히 답하셨다. 수십 년 동안 해오신 '채식' 덕이라고. 채식주의자 중에는 고기가 입맛에 맞지 않아 채소만 먹는 사람도 있지만 선생님은 자신의 선택에 따라 채식주의자가 된 분이다.

이 책 《희망의 밥상》에는 우리가 왜 채식을 해야 하는지가 나와 있다. 한마디로 우리가 육식을 고집함으로 해서 수많은 환경 문제가 발생하기 때문이다. 고기 한 덩어리를 우리

　　　　　　　　　　　　　　　독서 레시피

입에 넣기 위해 숲이 사라지고, 물이 낭비되고, 그 고기를 먼 곳까지 신선하게 유통시키느라 환경이 오염된다.

우리 인간은 잡식성 동물이다. 육식과 채식 모두 할 수 있다. 어떤 이들은 채식만 고집하면 영양 결핍 현상이 나타날 것이라고 경고한다. 특히 한창 자라나는 아이들에게는 육류를 통해 얻는 철분이 필수적이라고 말한다. 하지만 콩을 비롯하여 각종 견과류와 비타민C가 풍부한 식물성 식품으로도 충분한 양의 철분을 섭취할 수 있다.

침팬지도 우리 인간 못지않게 육식을 좋아한다. 침팬지가 완벽하게 초식성 동물인 줄 알았던 우리의 통념을 깬 분이 바로 구달 선생님이다. 침팬지가 육식을 한다는 선생님의 최초 관찰은 당시 과학계에서 대단한 뉴스거리였다. 그렇지만 육식을 하지 못하는 침팬지가 힘이 없거나 병에 걸려 신음하는 일은 결코 없다는 사실에 주목할 필요가 있다. 우리 인간도 마찬가지다. 육식을 하지 않으면 기운을 내지 못한다거나 어딘지 모르게 활력을 잃을 것 같다는 생각은 전혀 근거가 없다. 구달 선생님이 산 증인이다. 오히려 육식이 우리 건강을 해치는 예가 훨씬 더 많다.

구달 선생님과 음식점에 가면 반드시 벌어지는 일이 있다. 선생님은 사람 수에 맞춰서 무작정 컵에 물을 따르려는 사람이 있으면 꼭 말리신다. 마시고 싶어하는 사람에게만 따라주라고 하신다. 그러고는 이 세상에는 그 한 컵의 물조차 없어서 고생하는 사람들이 엄청나게 많다는 사실을 일깨워주신다.

구달 선생님은 채식을 할 경우에도 어떤 채소와 과일을 먹어야 하는지에 대해 구체적이고 명확한 지침을 주신다. 거대 다국적 기업이 생산하여 거대 슈퍼마켓 체인이 유통시키는 현실의 이면을 들여다보아야 한다고 강조하신다. 이제 막 열린 시퍼런 토마토들이 트럭이나 비행기 안에서 억지로 익은 다음 동네 가게에 진열된다. 그러기 위해 얼마나 많은 화석연료가 사용되어 공기를 오염시키고 급기야는 지구온난화를 촉진하게 되었는가를 이젠 정말 심각하게 고민해야 할 때가 되었다. 신선도를 유지하기 위해 또 얼마나 많은 화학물질이 뿌려졌는지도 알아야 한다. 그런 물질이 우리 식수를 오염시키고 있다.

구달 선생님은 이 책에서 나 한 사람이 과연 무슨 힘이 있겠느냐 하는 생각으로 주저앉지 말라고 독려하신다. 그리고 실제 우리가 할 수 있는 많은 일을 아주 구체적으로 말씀하신다. 그런 모든 지침에 나도 한마디 거들겠다. 바로 "소비자가 세상을 바꿉니다"라는 말이다. 소비자가 원하면 바뀔 수밖에 없는 게 상업이고 그러면 제조업과 농업도 변할 수밖에 없다.

이 책을 읽고 모두 나름대로 작은 혁명을 일으키기 바란다. 그 작은 혁명의 물결이 서로 모이기 시작하면 조만간 적지 않은 파도를 일으킬 것이다. 그 파도에 이웃마을 사람들이 동참하기 시작하면 해일이 일어날지도 모른다. "소비자가 왕"이라는 구호가 절대 헛되지 않다는 걸 실감하게 될 것이다. 기왕에 불기 시작한 웰빙 바람이 나만의 건강과 행복을 위한 것이 아니라 내 주변 환경, 그리고 내 후손을 위한 보다 현명한 웰빙의 태풍이 되기를 기대해본다.

# 오래된 연장통

- **지은이**  전중환

- **레시피에 넣은 이유**  우리의 사소한 일상 속에서 인간 본성이라는 심오한 주제를 끌

  어내어 진화심리학, 나아가 과학의 재미를 한껏 맛보게 해주니까.

- **읽는 맛**  톡톡 튀는 맛

내 연구실에서 석사나 박사 과정을 밟고 싶다며 나를 찾아

오는 대학생들이 1년에 줄잡아 스무 명이 넘는다. 이공계

대학원 진학률이 날이 갈수록 줄어드는 요즘 이 정도면 대

단한 숫자다. 국내에 있는 다른 자연과학 연구실에 비해 연

구 주제 정하기가 사뭇 느슨하다고 소문이 났는지 학생들

이 내놓는 장래 희망 연구분야도 다양하다.

그런데 지난 20여 년을 돌이켜보면 시대에 따라 분명한 경

향성이 드러난다. 내가 미국에서 갓 돌아와 서울대학교에

자리를 잡던 1990년대 중반에는 절대 다수의 학생들이 개미나 벌 등 이른바 사회성 곤충을 연구하겠다고 찾아왔다 (이 책의 저자인 전중환 박사도 그중 한 학생이었다). 그러다 한동안은 뜬금없이 돌고래를 연구하고 싶다는 학생들이 몰려들더니 얼마 전부터는 단연 진화심리학이 인기다.

진화심리학은 아직 우리나라 대학 어느 심리학과에도 교수 한 명 없는 분야이지만 학생들과 일반인들에게는 이미 확실하게 뿌리를 내리기 시작했다. 이 책의 소제목들만 봐도 사람들이 왜 진화심리학에 열광하는지 쉽게 알 수 있다. '진화, 마음을 읽다', '병원균, 집단주의, 그리고 부산갈매기', '다윈, 쇼핑을 나서다', '발정기는 사라지지 않았다', '털이 없어 더 섹시한 유인원' 등등. 하나같이 우리 삶 주변에 항상 함께하는 흥미로운 생활 이슈들이다. 진화심리학은 내 삶에서 매일같이 벌어지는 온갖 현상들을 바라보는 새로운 눈을 제공하는 학문으로서 내 자신의 행동을 되돌아보게 한다.

진화심리학의 또 다른 매력은 그것이 과학이라는 데 있다. 진화심리학은 다윈의 진화론을 기반으로 하여 인지과학, 뇌과학, 컴퓨터과학 등 첨단과학적 방법론의 도움을 받아 수행하는 통섭형 과학이다. 신이 다 그리 되도록 미리 준비해두었다든가 세상은 원래 다 그런 것이라는 식의 두루뭉술한 설명은 우리가 생각할 여지를 앗아간다. 하지만 에덴동산에서 지혜의 열매를 탐하다 쫓겨난 우리는 이 세상 모든 일을 그냥 받아들이기보다는 끊임없이 의문을 제기하며 되짚어보고 싶어한다. 도대체 병원균과 붉은 악마 사이에 무슨 관계가 있는가, 인간은 진정 털이 없어져서 더 섹시해진 걸까, 인간의 발정기가 아직 펄펄 살아 있다니 이건 또 무슨 얘긴가. 진화심리학은 우리 삶의 여정에서 부딪히는 거의 모든 문제를 연구 대상으로 삼는다. 그런 문제를 연구하다 보면 결국 인간이란 무엇인가를 묻는 근원적 질문에 도달하게 된다.

나는 진화심리학이 그저 심리학의 한 작은 분야가 아니라 언젠가는 심리학 그 자체가 되리라는 코스미디스의 예측에 전적으로 동의한다. 심리학은 이미 상당 부분 자연과학으로 거듭나고 있고 그 흐름의 전방에 진화심리학이 서 있다. 2004년 DNA의 이중나선 구조의 발견 50주년을 기념하는 어느 강연에서 제임스 왓슨은 21세기에는 생물학과 심리학이 만날 것이라고 예언했다. 또한 그는 그동안 우리의 운명이 별에 있는 줄 알았던 시절이 있었지만 이제 우리는 그것이 DNA 안에 있다는 걸 알게 되었다고 말하기도 했다. 우리가 하는 모든 학문은 궁극적으로 인간의 본성과 존재 의미를 찾는 지적 활동이다. 진화심리학이 미래 학문의 한복판에 위치할 것을 의심하기는 어려워 보인다.

진화심리학은 발달심리학이나 긍정심리학처럼 전통적인 심리학이 자연스레 가지치기를 하며 생겨난 분과학문이 아니다. 사회생물학자, 진화인류학자, 인지과학자, 심리학자들이 한데 모여 인간 본성에 대해 성찰하는 과정에서 탄생한 범학문적 분야다.

이 책을 쓴 전중환 박사는 진화심리학을 정식으로 전공한 우리나라 최초의 학자. 내가 서울대학교에 있던 시절 내 연구실에서 개미 연구로 석사 학위를 받은 그는《욕망의 진화》《이웃집 살인마》《위험한 열정 질투》등으로 우리 독자들에게도 친숙한 미국 텍사스대학 심리학과의 데이비드 버스 교수의 연구실에서 박사 학위를 받았다. 현재는 경희대학교 교수로서 학생들을 가르치고 있다.

연구 환경은 아직 제대로 갖춰지지 않았건만 진화심리학 관련 서적들은 발 빠르게 번역되어 나오고 있다. 전문 학자들이 자신의 학문을 소개할 때 일반인의 눈높이에 맞추지 못해 제대로 소통하지 못하는 경우를 심심찮게 본다. 하지만 전중환 박사는 예외다. 그의 글은 주제 자체가 흥미롭기도 하지만 10대 청소년부터 나이가 지긋한 어르신들까지 모두 공감할 소재들을 그득히 담고 있다. 노홍철과 한예슬에서 출발한 비유가 '웃으면 복이 와요'에 다다르기도 한다. 어려운 내용을 쉽게 그리고 감칠맛 나게 설명하는 것은 결코 만만한 일이 아니다. 전중환 박사는 그런 점에서 남다른 귀재를 지닌 사람이다. 이미 인터넷에는 그의 글을 따라 읽는 일군의 열혈 독자들이 있는 걸로 안다. 이 책을 읽는 독자들도 그의 매력에 빠져들 것이라 믿는다.

독서 레시피

# 마지막 거인

- **지은이**　프랑수아 플라스
- **레시피에 넣은 이유**　슬프고도 아름다운 이야기를 통해 인간의 잔인함과 자연의 고 귀함을 뼈저리게 깨닫게 해주므로.
- **읽는 맛**　달콤한 맛이 마지막 순간 쌉싸름하게 돌변 (우리는 두고두고 이 맛을 기억 해야 한다!)

이 책을 읽는 내내 내 가슴속에는 커다란 박하사탕 하나가 녹고 있었다. 미지의 세계를 향한 경이로움이 화하게 가슴 을 메워갔기 때문이다. 그러다가 한순간에 그 시리도록 아 름다운 꿈이 아픔으로 변하고 말았다. "침묵을 지킬 수 없 었니?" 하고 묻는 안탈라의 애절한 목소리가 내 귀에도 들 리는 듯했다. 나 역시 자연을 연구하는 사람으로 종종 이런 번민에 빠진다. 자연의 비밀을 캐내어 세상에 알리는 것이

　　　　　　　　　　　　　　　　　　　　　과학자의 서재

내 직업이지만 때론 그냥 숨겨주고 싶을 때가 있다.

몇 년 전 학생들과 함께 지리산 자락에서 자연탐사를 하던 중 이 짓밟힌 땅에서 이제는 참으로 보기 어려운 반딧불이를 발견했다. 짙은 군청색 밤하늘을 배경으로 눈부신 초록빛을 발하는 그 작은 곤충이 너무도 사랑스러워 우린 밤이 이슥하도록 하늘만 바라보았다.

불과 2, 30년 전만 해도 웬만한 시골이면 밤마다 그리 어렵지 않게 반딧불이를 손안 가득 쥘 수 있었지만, 요즘엔 어디 반딧불이가 나타났다고 하면 우선 신문에부터 난다. 그러면 그곳에 사람들이 모여들어 축제다 뭐다 야단법석을 떨게 된다. 그 통에 반딧불이들은 점점 더 살 곳을 잃어간다는 걸 아는지 모르는지.

그날 밤 우리는 늦도록 그 주변 산야를 뒤졌지만 기껏해야 서너 마리 정도를 더 찾았을 뿐이다. 그래서 그냥 우리만 알고 있고 세상엔 알리지 않기로 했다. 학문적인 기록에는 작은 구멍이 날지 모르지만 자연은 가끔 숨겨줘야 할 것 같았으니까.

그 후 우리나라에 호사도요라는 매우 흥미로운 새가 무려 100여 년 만에 처음으로 그 모습을 드러냈다. 새들은 거의 예외 없이 암수 한 쌍이 함께 자식을 키우는 완벽한 일부일

처제를 유지하며 산다. 그런데 이 호사도요는 신기하게도 일처다부제를 채택하여 사는 새다. 한 암컷이 여러 수컷들을 거느리고 산다는 말이다. 대개 암컷이 수컷보다 훨씬 화려하고 몸집도 더 크다. 암컷들끼리 서로 세력다툼을 벌여 제가끔 자기 영역을 차지하면 수컷들이 그 안에 들어와 둥지를 튼다. 암컷은 자기 터 안에 들어온 수컷들과 차례로 짝짓기를 한 뒤 둥지마다 알들을 몇 개씩 낳아준다. 그러면 수컷들이 둥지에 올라앉아 알을 품는 식이다. 이 같은 일처다부제는 인간의 경우는 말할 나위도 없거니와 새들의 세계에서도 매우 드문 일이다. 이런 귀한 새가 우리 산하에 살고 있다는 소식에 정말 반가웠다.

하지만 기쁨은 잠시, 호사도요를 발견했다며 현장에서 찍은 사진과 함께 서식장소가 충청남도 무슨무슨 군이라고 밝혀놓은 기사가 신문에 대문짝만 하게 실린 게 아닌가. 기사를 읽던 나는 가슴이 졸아들었다. 이제 곧 사람들이 벌떼처럼 몰려갈 텐데. 일부러 해치지는 않더라도 그들을 보겠다고 사람들이 몰려가면 그들은 더 이상 그곳에서 살기 어려울 텐데……. 답답한 나머지 신문사에 전화를 해서 그 기사를 준비한 기자를 찾았다. 내가 성급하게 나무라자 그는 그럴까 봐 엉뚱한 지역 이름을 적었노라고 조용히 귀띔해

과학자의 서재

주었다. 반딧불이를 숨겨준 내가 학자의 양심을 어겼듯이 그도 기자의 양심을 어긴 것이다. 나는 그 기자님이 너무나 고마웠다.

자연에게 길은 곧 죽음이다. 지금 이 순간에도 우리는 저 검푸른 열대 곳곳에 휑하니 길을 뚫고 있다. 그 길들을 따라 저 깊은 숲 속에서 수백 년 동안 행복하게 잘 살던 거대한 나무들이 실려 나온다. 나무들이 사라진 벌거벗은 대지에는 더 이상 동물들이 살지 못한다. 길은 우리 인간이 자연의 가슴에 내리꽂는 비수다.

이 책에 등장하는 거인들은 중앙아시아 어느 깊은 곳에 살았던 모양이다. 그들이 떠나고 없는 지금 그곳은 거의 나무한 그루 제대로 자라지 않는 저주의 땅이 되고 말았다. 주인공이 그들 마을에 처음 도착했을 때 발견한 해골의 수가 110여 개에 달했지만 살아 있는 이들은 고작 아홉이었다. 남자 다섯에 여자 넷. 하지만 우리가 이 지구를 이처럼 어지럽히기 훨씬 전에는 그들이 여기저기 많이 살았을지도 모른다. 도대체 누가 만들어 세웠는지 궁금하기 짝이 없는 이스터섬의 거대한 석상들, 영국의 스톤헨지 그리고 우리나라 곳곳에 서 있는 고인돌들, 혹시 그 거인들이 세워놓은 것은 아닐까?

이 이야기는 "별을 꿈꾸던 아홉 명의 아름다운 거인들과 명예욕에 사로잡혀 눈이 멀어버린 못난 남자"의 불행한 만남을 그리고 있다. 아름다운 거인들은 바로 다름 아닌 자연이다. 못난 남자는 말할 것도 없이 우리들. 이 지구는 워낙 거대하여 아무리 흔들어도 무너지지 않을 것처럼 보이는 거인이지만 순전히 우리 작은 인간의 힘으로 지금 이른바 제6의 대절멸사건을 겪고 있다.

지금으로부터 6,500만 년 전 그 거대하고 늠름하던 공룡들을 한꺼번에 쓸어버린 제5의 대절멸사건을 비롯하여 지구에는 태초부터 지금까지 줄잡아 다섯 차례에 걸친 엄청난 재앙이 있었다. 그런 대재앙이 지금 또다시 우리 곁에서 벌어지고 있다. 그런데 지난 다섯 번의 재앙들과 지금 벌어지고 있는 여섯 번째 재앙 간에는 결정적인 차이가 하나 있다. 이전의 재앙들은 모두 어쩔 수 없는 천재지변에 의해 일어났던 것인 데 비해 지금의 재앙은 순전히 우리 인간의 불찰과 장난으로 인해 벌어진다는 점이다. 이 얼마나 엄청난 일인가? 자연이 거의 막둥이 격으로 만들어낸 인간이라는 참으로 못난 짐승이 스스로 자기 집을 부수고 있으니⋯⋯. 그것도 여럿이 함께 사는 집을 말이다.

아무리 큰 거인이라도 감싸주지 않으면 넘어진다. 생물학

지인 내 눈에는 우리도 영락없는 자연의 일부일 뿐인데, 왜 요즘 우린 그걸 자꾸 부정하려 드는지 모르겠다. 거인의 몸통에 작살을 꽂으면 우리도 함께 간다는 걸 왜 모를까?

언젠가는 저 외계에도 생명이 존재한다는 걸 밝히게 될지 모른다. 하지만 아무리 그래도 우리에게 알맞은 행성은 이 지구 하나뿐일 것이다. 거인의 비밀들은 계속 조심스레 들쳐봐야겠지만 그들을 배반하는 일일랑 하지 않아야 우리 스스로가 "시간 속으로 영원히 사라져" 버리는 일이 일어나지 않을 것이다. 내가 숨겨준 자연이 내 품속에서 편안히 있는 모습이 아름답다.

# 이중나선

- **지은이** 제임스 왓슨
- **레시피에 넣은 이유** '과학'이란 말만 들어도 얼굴을 찌푸리는 사람들에게 흥미진진한 과학의 세계를 열어주니까.
- **읽는 맛** 생긴 건 쌉싸름해 보이지만 의외로 달콤함

서양의 과학자 중에는 글 잘 쓰는 이들이 많다. 과학자치고 글을 제법 쓰는 사람들이 좀 있다는 정도가 아니라 가장 글을 잘 쓰는 작가 중에 현직 과학자이거나 적어도 예전에 과학을 공부했던 사람들이 많다는 얘기다. 게다가 글을 잘 쓰는 과학자가 성공한다. 많은 물리학자 중에 우리가 특별히 아인슈타인과 파인만을 기억하는 까닭이 오로지 그들의 연구업적에만 있지는 않다. "봄이 와도 새는 울지 않는다"는 시적인 표현으로 살충제 남용을 경고한 카슨이 인류 최고

과학자의 서재

의 생태학자는 아니지만 그의 저서 《침묵의 봄》 덕택에 그는 우리에게 가장 위대한 생태학자 중의 한 사람으로 각인되었다.

과학에서 글쓰기의 중요성을 극명하게 보여주는 예로 제임스 왓슨의 《이중나선》만 한 것도 없다.

20세기 과학의 가장 위대한 업적이라 평가받는 DNA 구조의 발견은 세 명의 과학자 왓슨, 크릭, 윌킨슨에게 노벨생리의학상을 안겨주었다. 그런데 세월이 흐른 뒤 끊임없이 영국인들을 괴롭힌 질문이 있었다. 이 세 사람 중 나이도 제일 어리고 경력도 적은 미국인 왓슨이 선배 영국 학자들보다 훨씬 막강해진 까닭이 무엇인지 머리를 긁적이게 된 것이다.

오랜 논쟁 끝에 영국인들이 내린 결론은 뜻밖이었다. 일반인들을 상대로 왓슨이 저술한 《이중나선》이라는 작은 책 때문이라는 것이었다. 논문 작성을 마친 후 동전을 던져 저자의 순서를 정하기로 했을 때 신이 왓슨의 손을 들어준 행운도 무시할 수는 없지만 그보다 더 명확한 차이는 왓슨은 책을 썼고 크릭은 쓰지 않았다는 것이다. 그것도 언뜻 보아 참으로 보잘것없어 보이는 이 작은 책을.

《이중나선》이 일반인을 위해 쓰인 책이라고 말할 때, 그 '일반인'에는 평소 판타지 소설 따위나 읽던 독자들도 포함되지만 과학의 다른 분야에 종사하는 학자들과 정부의 정책 담당자들도 포함된다. 왓슨은 이 작은 책으로 유전자과학의 흥미진진함을 많은 사람에게 알려 엄청나게 유명해졌고 그 덕에 대중은 훨씬 더 과학에 가까워지게 되었다. 이것이 바로 《이중나선》의 이중효과 중 하나다. 이 같은 개인적인 유명세와 대중의 이해가 훗날 그가 인간유전체연구human genome project를 할 때 엄청난 예산을 끌어내는 데 기여했으리라는 것을 의심할 사람은 아무도 없다.

이 책은 도킨스의 《이기적 유전자》와 더불어 내가 가장 많이 추천하는 책이다. 내가 대학 시절 원서로 읽은 몇 안 되는 책 중 하나이기도 하다. 역시 노벨상 수상자인 자크 모노의 《우연과 필연》을 빼곤 거의 유일하게 읽은 과학책이었다. 나는 결국 실험실에서 유전자의 구조를 연구하는 생화학자가 되지는 않았지만 이 책을 읽으며 먼 훗날 과학자로서의 내 모습을 수없이 떠올리곤 했다. 이 책이 과학의 세계로 끌어들인 젊은이가 나 한 사람이 아니라는 건 너무도 잘 알려진 사실이다. 작은 책 한 권의 힘이 이처럼 위대할 수 있을까?

《이중나선》은 과학자 왓슨과 인간 왓슨을 고르게 조명한다. 너무 발가벗는 것은 아닐까 오히려 읽는 사람이 걱정할 정노지만, 거침없는 솔직함은 결코 과학자 왓슨을 깎아내리지 않는다. 인간 왓슨의 멋스러움이 살아나는 것은 말할 나위도 없다. 신기한 것은 인간 왓슨이 살아남에 따라 과학자 왓슨도 덩달아 주가가 오른다는 사실이다. 과학도 사람이 하는 일이다. 과학계가 온통 자로 잰 듯 삭막한 실험의 연속이 아니라 갈등과 암투 그리고 멋진 경쟁이 벌어지는 흥미진진한 연속극이라는 걸 이 작은 책이 보여주었다. 이것이 《이중나선》의 또 다른 이중효과다.

 이 책을 읽고도 과학에 흥미를 느끼지 못하거나 과학을 전공하겠다는 마음이 생기지 않는 학생이 있다면 그의 감성에 뭔가 문제가 있다고 봐야 한다.

DNA의 이중나선 구조가 밝혀진 지 어언 반세기가 흘렀다. 이제 DNA는 우리 삶의 일상용어가 되었고 유전자과학은 우리의 몸은 물론 정신도 속속들이 들여다보기 시작했다. 유전자에 대해 알지 못한 채 21세기를 살아가기란 그리 쉽지 않을 것이다. 흥미진진한 유전자의 세계로 뛰어들고 싶다면 모름지기 이 책으로부터 시작해야 한다.

# 찰스 다윈 평전 1, 2

- **지은이** 재닛 브라운
- **레시피에 넣은 이유** 인류 문명의 방향을 바꾼 위대한 혁명인 진화론을 이해하기 위한 지름길이니까.
- **읽는 맛** 처음엔 쌉싸름, 씹을수록 고소한 맛

2009년은 다윈 탄생 200주년이자 그의 명저 《종의 기원》 출간 150주년을 맞는 해였다. 그래서 서양에서는 1년 내내 거의 하루도 빠짐없이 다윈에 관한 행사가 열렸다. 이제 다윈은 그저 따개비, 지렁이, 식충식물 등을 연구했던 재주 많은 생물학자가 아니라 우리의 사상체계를 재정립한 위대한 사상가로 추앙받고 있다. 거의 2천 년 동안 서양인들의 사고를 지배해온 플라톤의 이른바 이데아 사상을 거의 하루아침에 송두리째 바꿔버린 사건을 두고 역사학자들은 흔히

'다윈 혁명'이라고 부른다.

나는 다윈에 관한 수많은 책 중 이 두 권의 책만큼 완벽에 가까운 책은 없다고 단언한다. 마치 비디오카메라와 녹음기를 들고 그림자처럼 다윈을 따라다니며 그의 일거수일투족을 기록한 다큐멘터리를 보는 것 같다. 아니, 다윈의 머릿속에 들어앉아 있는 것 같은 착각이 들 정도로 삶의 중요한 순간마다 얄미울 정도로 슬기롭게, 그러나 때론 우리와 마찬가지로 갈등하는 인간 다윈의 모습이 흥미진진하게 그려져 있다.

잘 짜인 한 편의 소설을 읽고 있는 듯한 느낌이 종종 들기도 하지만 이 책은 결코 소설이 아니다. 다윈이 평생토록 줄기차게 써낸 편지들과 그에 대한 답장들, 일기, 자서전은 물론 그의 주변에 있던 사람들의 저술과 진술, 당시 사회상을 알려주는 온갖 기록들을 모두 펼쳐놓고 재구성한 한 편의 대서사시다. 크고 작은 구슬 서 말을 이처럼 영롱하게 꿰어낸 저자의 탁월함에 고개를 숙인다.

나는 수업시간에 가끔 어쭙잖게 나 자신을 다윈에 견주며 이런 농담을 하곤 한다. 나도 다윈처럼 평생 돈 걱정할 필요가 없다면 훨씬 더 훌륭한 연구 업적을 낼 수 있을 것이라고. 다윈은 평생 이렇다 할 직업을 가져본 사람이 아니다.

독서 레시피

영국 해군의 남미 탐사선 비글호에 자연학자로 올라탔으니 그걸 직업으로 볼 수도 있겠지만 그저 숙식을 제공받았을 뿐 연봉을 챙겨 받은 게 아닌 만큼 정식 직업으로 보기 어렵다. 애써 직업으로 치더라도 요즘 식으로 말하면 5년 동안 임시 비정규직 일을 한 것이 그의 직업인생 전부다.

학창시절, 수학을 특별히 좋아한 것도 아닌데 다윈은 뜻밖에도 이른바 재테크에 탁월한 재주를 발휘했다. 수학과 재테크 모두 숫자를 다루는 작업이긴 해도 실제로는 사뭇 다른 일인 모양이다. 그는 당시 잘나가는 의사였던 아버지의 금전적 도움과 도자기 회사 웨지우드의 주인이었던 장인이 두둑하게 쥐어준 결혼지참금을 기반으로 자금을 탁월하게 운용했다. 그리하여 평생토록 가족 부양을 위해 직업 전선에 뛰어들 필요 없이 안정적인 삶을 영위한 것은 물론이고 어마어마한 돈을 부인 에마와 자식들에게 물려주고 떠났다. 특히 철도회사에 투자하여 그야말로 대박을 쳤다. 물론 인세로 번 돈도 만만치 않았다. 1881년까지 1만 248파운드, 요즘 화폐 가치로 치면 무려 50만 파운드를 벌었으니 우리 돈으로 8억 원 이상을 번 셈이다. 과학책으로 번 돈치곤 대단한 액수다.

가족 부양을 걱정할 필요가 없으니 구태여 대학의 교수나 연구소의 연구원으로 일할 필요도 없었다. 하루 24시간을 온전히 연구와 집필에 쏟아 부을 수 있었다. 물론 대학이나 연구소 같은 학문공동체에서 일하는 것도 분명히 장점이 있다. 늘 다른 이들로부터 자극을 받기도 하고 수시로 내 아이디어를 검증받을 수 있기 때문이다. 그런 점에서 다윈은 분명한 약점을 지니고 있었지만 그는 이 약점을 왕성한 편지쓰기를 통해 극복했다.

다윈은 아마 인류 역사상 가장 많은 편지를 쓴 사람 중 하나일 것이다. 전 세계 도서관에 보관된 다윈의 편지는 무려 1만 4천 통이 넘고, 사라진 것도 그 정도는 될 것이라고 다윈 학자들은 추정하고 있다. 다윈은 세상 많은 사람들에게 끊임없이 편지를 쓰며 소통했다. 다윈이 만일 지금 우리와 함께 살고 있다면 나는 그가 매일 컴퓨터 앞에 앉아 몇 시간 씩이나 이메일을 주고받고 채팅을 하며 가까운 지인들에게 수시로 문자를 보내거나 트위터를 하며 살 것이라고 생각한다.

《다윈 평전》의 압권은 다윈이 1858년 진화의 증거를 발견한 윌리스의 편지(다윈 역시 같은 현상을 발견했지만 사회적 파장을 우려해 발표를 망설이고 있었다)를 받은 때부터 이듬해 《종의 기원》이 출간되기까지 일련의 과정이 마치 한 권의 추리소설인 양 흥미진진하게 기술된 대목일 것이다. 현존하는 최고의 다윈학자로 자타가 공인하는 저자는 권위 있게 그러나 어깨의 힘을 완전히 뺀 채로 참으로 진솔하게 그 전 과정을 그려냈다. 그동안 세간에 난무하던 온갖 평가를 잠재운 저자의 이야기에 따르면 다윈과 월리스 모두 인간적으로 고뇌할 수밖에 없는 상황에서 자칫 대단히 추해질 수도 있었던 사태를 학자적 양심과 도리에 어긋나지 않은 범위 내에서 현명하게 풀어냈다.

나는 이 책을 읽으며 내가 우리 사회의 다른 분야가 아니고 바로 학계에 몸담고 있다는 사실이 얼마나 다행스럽고 자랑스럽게 여겨졌는지 모른다. 학자는 모름지기 업적만으로 남는 게 아니다. 학자란 동서양을 막론하고 덕을 갖춘 선비여야 한다는 걸 나는 다윈과 월리스를 보며 다시 한 번 배웠다. 다윈은 평생 한 개인이 진정 다 썼을까 의심스러울 정도로 많은 저술을 남겼다. 그중에서 가장 대표적인 것으로《비글항해기》《종의 기원》《인간의 유래》《인간과 동물의 감정 표현》 등이 꼽힌다. 2005년 현존하는 가장 유명한 두 과학자인 제임스 왓슨과 에드워드 윌슨이 거의 같은 시기에 다윈 전집을 펴내면서 마치 약속이나 한 듯 이 네 권을 싣고 그에 대한 해설을 달았다.

나는 지난 2005년부터 우리나라 학계에서 다윈의 이론과 관련하여 자신의 연구를 하는 젊은 학자들을 모아 '다윈 포럼'을 만들었고, 지금까지 함께 공부하고 있다. 이제 우리 독자들도 다윈의 저술을 직접 읽어볼 때가 되었다고 생각한다. 그 책들을 읽는다면 내 삶의 의미와 존재의 이유가 전혀 새로운 각도에서 조명되는 귀한 경험을 하게 될 것이다. 더불어 이 《다윈 평전》도 함께 읽기 바란다. 다윈의 책들이 어떤 배경에서 쓰였고 어떤 호응을 받았는가를 알게 되면 다윈의 이론을 이해하기가 훨씬 수월할 것이다.

 자연과학자 최재천 교수는
어떤 길을 걸어왔을까?

## 열심히 공부해서 받은 학위

1990 　　　 하버드대학교에서 생물학 박사 학위PhD를 받음. 논문: 〈민벌레의 진화생물학
　　　　　 The evolutionary biology of Zoraptera (Insecta)〉
1986 　　　 하버드대학교에서 생물학 석사 학위AM를 받음.
1982 　　　 펜실베이니아 주립대학에서 생태학 석사 학위MS를 받음. 논문: 〈알래스카 바
　　　　　 닷새의 체외기생충 군집 생태학Community ecology of ectoparasites on Alaskan
　　　　　 seabirds〉
1977 　　　 서울대학교에서 동물학 학사 학위BS를 받음.

## 연구하는 사람, 가르치는 사람으로서 걸어온 길

2008~현재 　　 이화여자대학교 학술원 석좌교수
2007~현재 　　 이화여자대학교 대학원 에코과학부 석좌교수
2007~2008 　　 한국생태학회 회장
2006~현재 　　 이화여자대학교 자연과학대학 에코과학연구소장
2006~현재 　　 이화여자대학교 자연사박물관 자연사박물관장
2006~2009 　　 미국 뉴욕자연사박물관 객원연구원
2001~현재 　　 하버드대학교 비교동물학박물관 객원연구원
1994~2006 　　 서울대학교 생명과학부 교수
1992.9~1995.8 미시간대학교 소사이어티 오브 펠로우즈Michigan Society of Fellows 주니어 펠
　　　　　　　 로우Junior Fellow
1992~1994 　　 미시간대학교 조교수
1990~1992 　　 하버드대학교 전임강사
1989~1991 　　 하버드서머스쿨 생물학 강사
1989~1990 　　 하버드 데릭 복 교육개발센터 교육자문
1988~1989 　　 하버드서머스쿨 학장보

과학자의 서재

| 1985.6~1988.5 | 스미스소니언협회 연구원 |
| 1984~1990 | 하버드대학교 엘리엇하우스 사감 |
| 1983~1990 | 하버드대학교 강의조교 |
| 1980~1983 | 펜실베이니아 주립대학 강의조교 |
| 2009~현재 | 국제학술지 《행동생태학과 사회생물학Behavioral Ecology and Sociobiology》 부편집장 |
| 2004~현재 | 국제학술지 《생태학연구Ecological Research》 편집위원 |
| 1994~현재 | 국제학술지 《곤충행동저널Journal of Insect Behavior》 편집위원 |
| 1999~현재 | 국제학술지 《동물행동학저널Journal of Ethology》 편집고문 |
| 2001~현재 | 국제학술지 《진화심리학Evolutionary Psychology》 편집위원 |

## 사회 여러 분야에서 받은 상

| 2005 | 제12회 전문직여성 한국연맹 골드어워드 |
| 2004 | 대한민국 과학기술훈장(도약상) |
| 2004 | 닮고 싶고 되고 싶은 과학기술인(과학문화재단, 동아사이언스) |
| 2004 | 제16회 올해의 여성운동상(한국여성단체연합) |
| 2002 | 제8회 한일국제환경상(조선일보-마이니치 신문) |
| 2000 | 제1회 대한민국 과학문화상(과학기술부-한국과학문화재단) |
| 1989 | 미국곤충학회 젊은 과학자상 |
| 1982 | 펜실베이니아 주립대학 우수강의조교상 |

## 세계적 권위를 인정받은 대표적인 연구 성과

| 2010 | 〈사회성 곤충의 군체 형성Colony founding in social insects〉 출전: 《동물행동 백과사전Encyclopedia of Animal Behavior》(Michael Breed and Janice Moore 편, Academic Press, Oxford) |
| 2009 | 〈너무도 단순한 시작으로부터, 너무도 단순한 이론으로부터From so simple a beginning, from so simple a theory〉 출전: 《생태학적 야외생물학 저널J. Ecol. Field Biol.》(32: 217-220) |
| 2000 | 〈까치에 대한 장기 계통지리학 연구A long-term phylo-geographic study of magpies(genus Pica)〉 출전: 《국가 장기 생태연구지KLTER》 |
| 1997 | 〈민벌레 짝짓기 구조의 진화The evolution of mating systems in the Zoraptera〉 출전: 《곤충과 거미의 짝짓기 구조의 진화The Evolution of Mating Systems in |

자연과학자 최재천 교수는 어떤 길을 걸어왔을까?

Insects and Arachnids》(Choe, J. C. and B. J. Crespi 편, Cambridge University Press, Cambridge, UK)

1995    〈자연사란 무엇인가What is natural history?〉
        출전:《생태학연구 저널J. Ecol. Res.》(18: 525-531)

1994    〈민벌레 구애급이와 반복되는 짝짓기Courtship feeding and repeated mating in Zorotypusbarberi(Insecta:Zoraptera)〉
        출전:《동물행동Anim. Behav.》(49: 1511-1520)

1992    〈파나마의 민벌레, 그 질서에 관한 형태학과 분류학과 생물학에 관한 보고서The Zoraptera of Panama, with a review of the morphology, systematics and biology of the order〉
        출전:《파나마와 중앙아메리카의 곤충Insects of Panama and Mesoamerica: Selected Studies》(Quintero, D. and A. Aiello 편, Oxford University Press, Oxford)

1989    〈코스타리카 라비도메라 수추렐라 딱정벌레의 모성보호Maternal care in Labidomera suturella Chevrolat (Coleoptera: Chrysomelidae: Chrysomelinae) from Costa Rica〉
        출전:《사이키Psyche》(96: 63-67)

1988    〈개미에게 있어 일개미 재생산과 사회진화Worker reproduction and social evolution in ants (Hymenoptera: Formicidae)〉
        출전:《개미학의 발전Advances in Myrmecology》

1987    〈알래스카 바닷새 피부에 기생하는 기생충의 집단 구조Community structure of arthropod ectoparasites on Alaskan seabirds〉(K. C. Kim과 공저)
        출전:《캐나다동물학저널Can. J. Zool.》(65: 2998-3005)

1984    〈미국 펜실베이니아 중부 먹파리의 비행 유형Flight patterns of Simuliumjenningsi(Diptera: Simuliidae) in central Pennsylvania, USA〉(P. H. Adler, K. C. Kim, and R. A. J. Taylor와 공저)
        출전:《의료곤충학저널J. Med. Entomol.》(21: 474-476).


### 쓰고 옮기고 엮은 책 (50여 종 중 30종만 소개)

《과학자의 서재》, 2011년 명진출판 발행, 2015년 움직이는서재 재출간
《통섭의 식탁》, 2011년 명진출판 발행, 2015년 움직이는서재 재출간
《손잡지 않고 살아남은 생명은 없다》, 샘터, 2014
《별이 빛나는 건 흔들리기 때문이야》(공저), 샘터, 2014

《자연을 사랑한 최재천》, 리젬, 2014

《다윈지능》, 사이언스북스, 2012

《통찰》, 이음, 2012

《호모 심바이우스》, 이음, 2011

《열대예찬》, 현대문학, 2011

《기후변화 교과서》(공편), 도요새, 2011

《인문학 콘서트》(공저), 이숲, 2010

《상상 오디세이》(공저), 다산북스, 2009

《21세기 다윈 혁명》(공저), 사이언스북스, 2009

《사회생물학, 인간의 본성을 말하다》(공저), 산지니, 2008

《벌들의 화두》(공역), 효형출판, 2008

《글쓰기의 최소원칙》(공저), 룩스문디, 2009

《최재천의 인간과 동물》, 궁리, 2007

《지식의 통섭》(공편), 이음, 2007

《대담》(공저), 휴머니스트, 2005

《통섭》(공역), 사이언스북스, 2005

《인간은 왜 늙는가》(공역), 궁리, 2005

《우리는 지금도 야생을 산다》(공역), 바다출판사, 2005

《당신의 인생을 이모작하라》, 삼성경제연구소, 2005

《여성시대에는 남자도 화장을 한다》, 궁리, 2003

《제인 구달의 생명사랑 십계명》(공역), 바다출판사, 2003

《생명이 있는 것은 다 아름답다》, 효형출판, 2001

《인간의 그늘에서》(공역), 사이언스북스, 2001

《개미제국의 발견》, 사이언스북스, 1999

《곤충류와 거미류에게서 나타나는 사회 행동의 진화The Evolution of Social Behaviour in Insects and Arachnids》(공편), 케임브리지대학 출판사, 1997

《곤충류와 거미류에게서 나타나는 짝짓기 방식의 진화The Evolution of Mating Systems in Insects and Arachnids》(공편), 케임브리지대학 출판사, 1997

자연과학자 최재천 교수는 어떤 길을 걸어왔을까?

**과학자의 서재**

1판　1쇄 발행　2015년 4월 13일
1판 13쇄 발행　2023년 4월 13일

**지은이** 최재천
**발행인** 주정관

**출판 브랜드 움직이는서재**
**주소** 서울특별시 마포구 양화로 7길 6-16 서교제일빌딩 201호
**전화** (02)332-5281 | **팩스** (02)332-5283
**이메일** moving_library@naver.com
**출판등록** 제2015-000081호

ISBN 979-11-955066-0-6　03400